# DIY 纸相机

## 个性相机的创造与应用

［美］贾斯汀·昆内尔（Justin Quinnel）著

于东东 译

［美］乔希·布钦斯基（Josh Buczynski）照相机设计

中国摄影出版社

图书在版编目（CIP）数据

DIY纸相机 ：个性相机的创造与应用 / （英）昆内尔著 ；于东东译. -- 北京 ：中国摄影出版社， 2010.12
ISBN 978-7-80236-498-1

Ⅰ. ①D… Ⅱ. ①昆… ②于… Ⅲ. ①针孔成像—照相机—制作 Ⅳ. ①TB852.1

中国版本图书馆CIP数据核字（2010）第240332号

北京市版权局著作权合同登记章图字：01-2010-5426号

This translation of Build Your Own Paper Cameras originally published in English in 2009 is published by arrangement with THE ILEX PRESS Limited

**DIY纸相机** 个性相机的创造与应用

作　　者：贾斯汀·昆内尔
翻　　译：于东东
责任编辑：张大鹏
出　　版：中国摄影出版社
　　　　　地址：北京东单红星胡同61号　邮编：100005
　　　　　发行部：010-65136125　65280977
　　　　　网址：www.cpphbook.com
　　　　　邮箱：office@cpphbook.com
印　　制：北京杰诚雅创文化传播有限公司
开　　本：889mm×1194mm　1/16
印　　张：6
版　　次：2011年1月第1版
印　　次：2011年1月第1次印刷
印　　数：1—5000册
ISBN 978-7-80236-498-1
定　　价：48元

# DIY 纸相机

## 个性相机的创造与应用

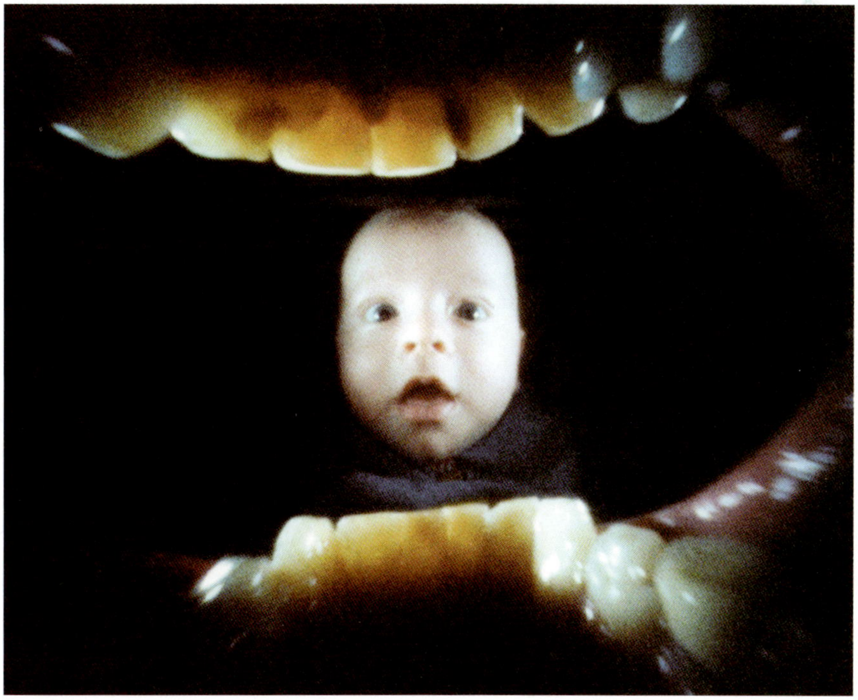

# 目　录

# 介 绍

从摄影术发明伊始，人们拍照时的状态基本形成了："8光圈，125分之1秒，距离地面约5英尺高"。沿袭这样的方法虽然没有什么问题，但是这种常规拍摄状态的可预见性消除了照片产生意外惊喜的机会。在这个不断被数字化的世界里，摄影者随时随地都可以看到按下快门后拍到了什么。所有这些新的技术让人们体验到前所未有的便捷，而且我们似乎已经习惯于目睹这些瞬间的奇迹，以至于盲目的期望已经取代了以往的好奇心。

**上图:** 针孔摄影让你创造出普通照相机拍不到的照片。

针孔摄影回归简朴，凭借一个具有永久留存影像能力的简单小孔获得影像。它是一种回归传统的摄影术，让你能够探索突破人眼局限的影像世界。在针孔摄影的实验性过程中，你能够发现更多的奇迹和乐趣，而这些正逐渐从现在普通的摄影过程中消失。

20年来我一直在制作和使用针孔照相机，这些相机的尺寸大小不一，小到可以放进我的嘴里，大到垃圾桶甚至是一整间屋子。我把它们固定在点燃升空的火箭上，扔到建筑物上，放到水下，或者绑到运行的火车上。有些照相机因为暴露在外太长时间，里面的乳剂已经被空气侵蚀得松软了。而且我制作相机使用的材料种类繁多，从水果到雨鞋、纸筒、薯片袋子等等。虽然这些针孔相机设计简单，但是它们创造了人们未曾见过的难以想象的照片。就像我第一次接触针孔摄影，即便是20年后，这些摄影实验仍然让我在每次处理胶片时遭遇惊喜。

这本书的目的是让你了解针孔摄影。针孔相机能够拍出数码卡片机难以捕捉的蕴含创造性的照片，它给你"创造"影像的机会，限制你的恐怕只有你的想象力！

### 针孔的历史

使用很小的孔形成影像并不新鲜，事实上早期生活在地球上的人类很可能已经注意到了地面上的那些图像，这是光穿过原始森林枝繁叶茂的树冠缝隙形成的。然而，直到公元前400年，现代人通过针孔构成影像的观念才开始形成，中国哲学家墨翟记述了这一现象，小孔可以用来形成一个倒转的影像，并且光源射出的光线就像射出的箭。环顾世界，伟大的思想家都有关于针孔影像的只言片语，像亚里士多德（公元前350年）在观察太阳的圆形图像时始终使用一个圆形或一个方形小孔，但是他始终没有弄清楚为什么是这样。

后来，Ibn al-Haithan Al Hazan（公元1000年）开始尝试使用小孔构成影像，直到Filippo Di Ser Brunellschi（公元1420年）使用小孔顺利证明单点透视，永远改变了我们描画世界的方法。

这些早期探索引导发展出照相暗箱（或者“封闭的黑盒子”），一个简单的有小孔的盒子里面可以呈现一幅影像。最初用于观查日食，照相暗箱可以做成任何尺寸，从绘画用的便携的小箱子，到当时为吸引观光客规划建造的房屋。

到了16世纪，虽然简单的玻璃镜片开始量产，但是许多人仍然使用小针孔以改善他们的视野，比如一个简单的显微镜。暗箱上的针孔是最先被明亮（但不清晰）的玻璃镜片替代的。尽管从针孔镜头过渡到玻璃镜头，但是景物的形象留存仍然是不能实现的。早在1720年银盐的感光特性就被验证，但是把它变成能够永久地记录图像的能力，并商业化运用对这个新发现来说是艰难的。后来陶瓷和雕刻领域需求的发展加之自然科学中光学和感光材料科学的结合给我们带来了摄影术。在1839年这项“发明”向全世界公布了。

当玻璃透镜被证实有助于缩短曝光时间后，针孔成像立即被抛弃了，只有极少的一些趣味性的物理实验还在运用，而这些实验大多是为孩子们准备的。现在“高级”摄影师们镜头布下都是光亮的透镜镜头。

**下图:** 使用自制相机拍摄，这张抽象的照片涵盖了超过360度的视野。

# 针孔摄影的新生

虽然被遗忘多年，针孔摄影在1970年代开始死灰复燃再次普及，10年间的演化已经逐渐形成一个模式化拍摄方法。

**下图**：在金属片上扎一个针尖大小的孔，用这个简单的“针孔镜头”拍出照片的感觉是玻璃镜头无法实现的。

**右图**：当你自己开始制作针孔相机时，你可以尝试使用极端变形的效果。

专业人士和业余爱好者纷纷展开自己的拍摄，但是这些不同寻常的照片在出版商和画廊那里遭遇到的是冷落。不过，当“针孔资源中心”在1980年代成立后，针孔摄影玩家就可以与世界各地志同道合的摄影师接触沟通了，虽然进程缓慢但是推进的步伐没有中断。随着互联网的出现，针孔摄影真正迎来第二春，网络为摄影师提供了一个平台，可以自由的讨论和分享他们的针孔实验图像，摆脱当代摄影的枷锁。

针孔成像现在成为创造性影像的要素，且是被认可的视觉媒介，服务于许多艺术家和学生，不断有针孔摄影作品发表于各类网站、艺术博客，用于演示信息表单、出版、展会等等，这些都是针孔摄影创造性地运用。它如此的简单并且与环境交融，反消费性的趣味和行为让针孔摄影者轻松的摆脱像素至上的桎梏。

现在，我们可以轻松地进入数码摄影的世界，仅凭一个小孔，看上去就像孩子的小玩具，我们可以不断使用它，就像墨翟在2500年前第一次记述针孔成像时那样。

## 独特的照片来自独特的照相机

针孔相机在技术品质方面的要求很多，它不一定简单和易用，它更需要创造性的使用，即使昂贵的数码单反相机拍摄针孔照片也是如此。下面列出的是针孔相机几个比较明显的特质，我确信在你制作相机的过程中你会变得更加自信。

**无限景深：**可能您的纸相机最让人难以置信的特点之一是所有景物都清晰，近到针孔前一英寸，远到遥远的山峦。

**能够捕获肉眼视觉以外的时间：**虽然你的针孔相机也可以像传统相机一样拍摄静态的对象，但越小的孔需要的曝光时间就越长。曝光时间可能是2秒，也可以持续几个小时，你甚至可以让曝光长达6个月之久。

**坚固且低成本：**几年前，我就开始执着的把相机附着或投掷在各种对象上，扔到建筑和桥梁上，就像羽毛球一样使用它们，还有绑到火车上，总之我会实验各种“稀奇古怪”的想法。这导致了各种杂乱无章的视觉冒险。有些毫无疑问是失败的，许多“丢失”的相机很可能今天仍然在曝光，但是这样的相机结实、低成本，这意味着你可以在数码相机无法使用的地方用针孔相机实验拍摄！

**多重曝光：**在这方面，很多现代的数码相机是无法实现的。然而，使用针孔摄影法可以在不同的地方曝光两次或者更多次，例如为一个场景添加漂亮的云彩。

**等待处理这些照片：**有些人喜欢数码相机可以即时回看照片，这样的功能让人惊喜，你每次的拍摄从“实验”变成了“张张经典”，当然你需要等待处理这些照片！

# 光盘里有什么

封面上的光盘包含了所有的相机模板，你需要自己动手制作纸相机，还需要打印出一份拍摄指南备用。本书已经为你设计好相机模板，可以很方便地使用家用喷墨打印机打印在信纸或A4大小的纸张上。除了打印原版的彩色模板外，光盘上也有未上色的空白模板，你可以自己在个人电脑上随意着色，之后打印出来。后面的页面我们能看到模板的打印及着色介绍，现在让我们快速浏览看一看光盘上有什么，以及在哪里可以找到它。

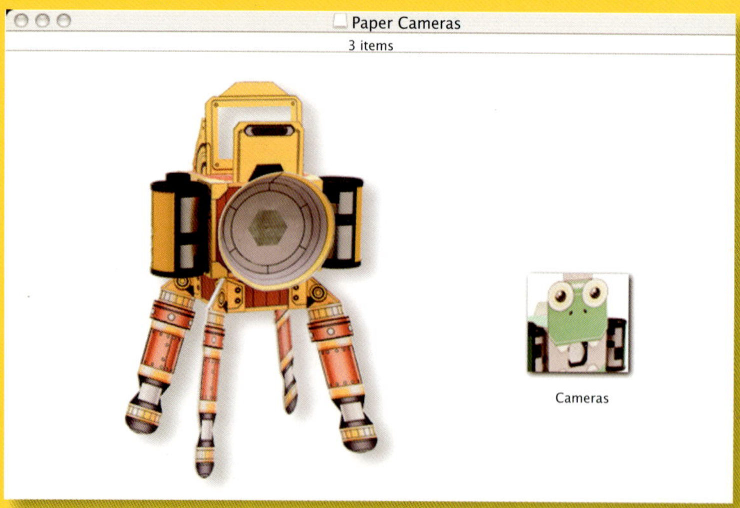

## 使用光盘

光盘内包含一个照相机模板文件夹。打开相机模板文件夹，里面是为大家精选的7款纸相机模板。

文件夹里你会发现这7款相机的子文件夹，只需双击，你就可以打开你喜欢的相机模板。

您现在可以准备一张信纸或A4幅面的纸板。这些子文件夹中已包含设计好的模板并且符合信纸或A4纸的打印尺寸，所以您一定要确保正确打开打印机。

每款相机文件夹中有两个子文件

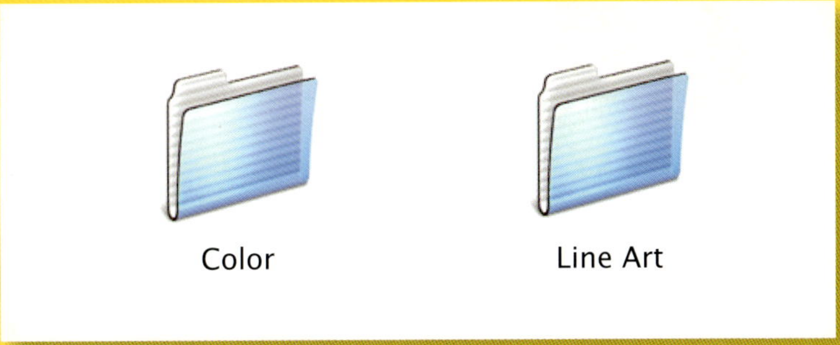


夹，其中分别存有两种打印模板，一种是已经着色的彩色稿，一种是没有着色的线描稿。这两种都是可使用的模板，你可选择其中一种存储成PDF文件（彩色稿直接打印）或者PSD文件（线描稿用于着色）。

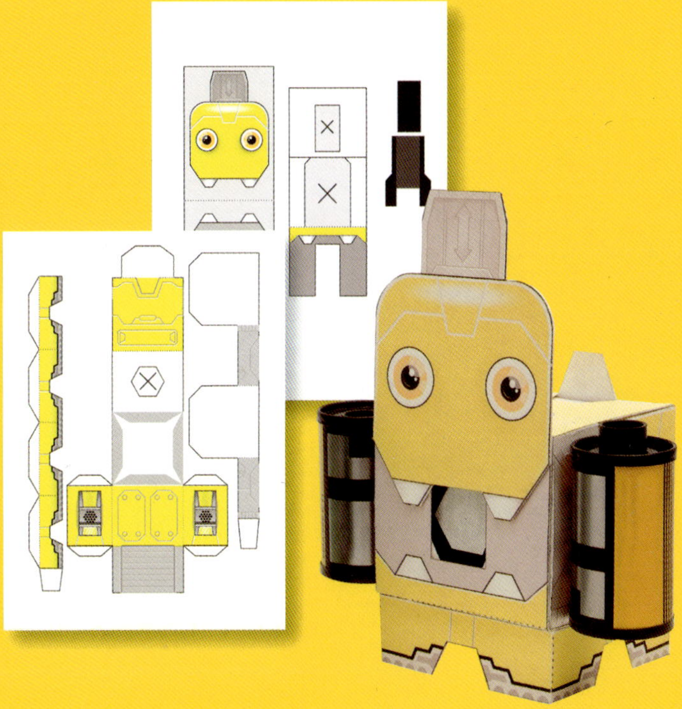

## 彩色模板

每个彩色的相机模板已被保存为一个单独的PDF文件，这意味着您可以使用Adobe Reader（或其他类似的程序）打开并打印输出这些相机模板。

大多数的操作系统都会安装Adobe Reader软件，如果在你的系统里没有这个软件（或其他可以读取PDF文件的软件），您可以从www.adobe.com免费下载它。下面，我们将探讨如何打印出的彩色模板。

## 线描稿模板

线描稿模板被保存为PSD格式文件，不是一个单独的PDF文件。可以打开编辑PSD文件的的图像编辑软件很多，包括Adobe Photoshop，Photoshop Elements，以及Corel Paint Shop Pro。如果你还没有在你的计算机上找到可以打开PSD文件的软件，你可以下载安装一个试用版软件来打开PSD文件。另外，你可以下载一个免费的图片编辑程序Gimp（HYPERLINK “http://www.gimp.org” www.gimp.org），也是适合你的一个选择。

根据你选择的相机类型不同，一种相机可能有几页文件，你需要分别打开这些文件并上色。模板上那些已经涂黑的部分请不要重新着色，因为这些部分是为了遮光而故意涂黑的。

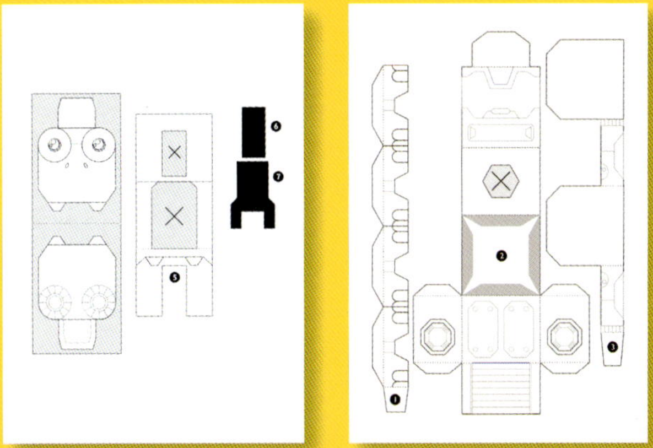

# 打印彩色模板

光盘中提供了本书介绍的所有款式相机的彩色模板，因此，您需要做的就是打开选定的PDF格式文件并打印出来。PDF格式文件中包含你所制作相机的全部页面，可能是从第1页到第4页，所以在你开始打印前，你需要准备足够的卡纸打印所有的页面。如果需要，可以参照下面的图示指导你的打印过程。

## 页面设定

彩色模板已被调整到适合标准信纸或A4纸的尺寸，重要的是，检查你的打印机驱动设置，以确保Adobe Reader正确打印模板，从菜单顶部选择“文件”>“页面设置”。

打开页面设置对话框。从下拉菜单中选择你的打印机。

设置打印方向为纵向（垂直）以匹配模板，并设置打印范围为100%。你可能会发现这些选项原始就是这样的。

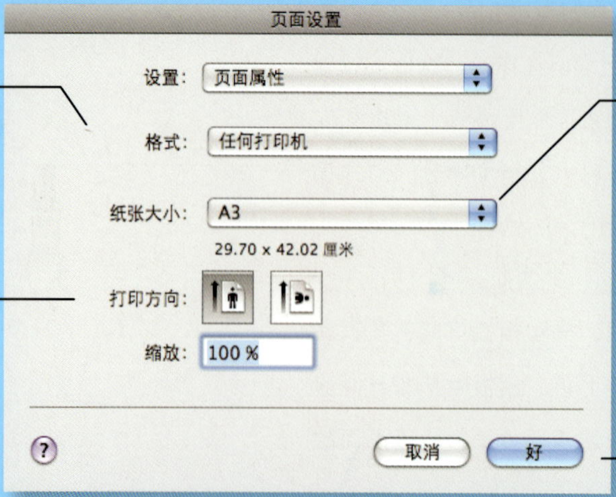


纸张大小设置项应该与你的打印纸和相机模板的大小匹配，因此选择信纸或A4纸取决于您使用的文件。如果有“无边界打印”选项，请选择这个。

点击“OK”确认并退出页面设置对话框。

# 打　印

打印机使用一个被称为“驱动程序”的对话窗口控制打印过程，每一个厂商使用不同的系统。所附插图是佳能打印机，所以你的打印机驱动程序界面可能看起来有点不同。然而，所有这些设置我们必须从不同的打印驱动中找到它们，如果你不能找到他们，就需要从打印机的指导手册或者计算机的帮助文档中找答案。要进入打印设置窗口，请从Adobe Reader顶部菜单中选择“文件”>“打印”。下面的这些设置是你需要留意检查的：

**打印全部：**请确保打印了相机模板的全部页面，而不仅是当前的这一个或者是选择的一个。

**页面缩放：**如果在页面设置对话框中设置为无边界打印，模板上的图像将全幅面无边打印在相纸上。如果您的打印机不容许无边界打印，就选择调整为适合可打印区域。这将意味着你打印出的模板将稍小于实际大小。

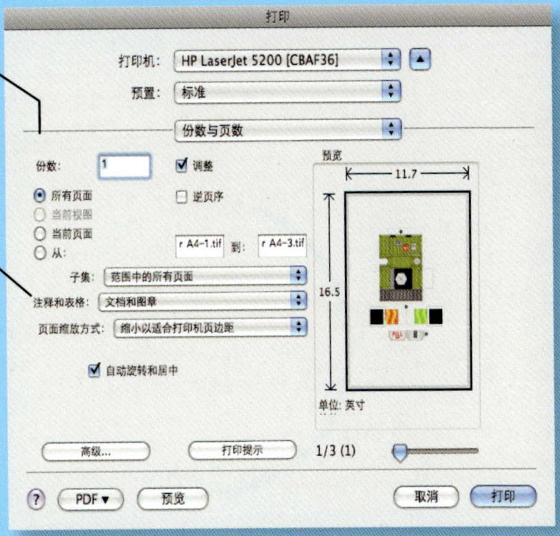


**纸张类型：**设置纸张类型为普通纸，即使您使用的是卡纸，虽然它不是专为喷墨打印机设计的。但是这样的设置将让你节省更多的墨水。

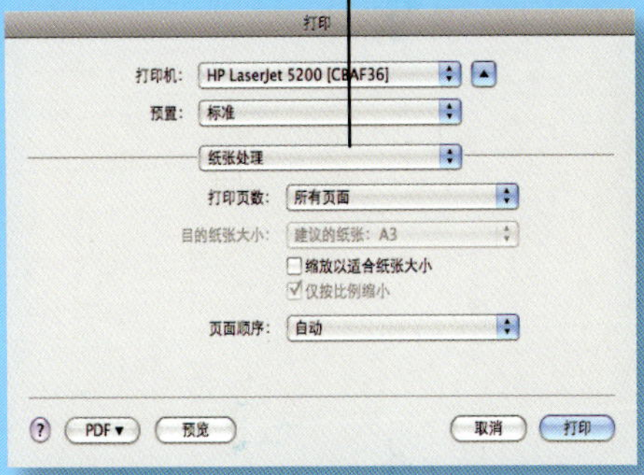


如果你使用的是较昂贵的喷墨打印纸，可以从包装上查找如何设置打印机。

如果你设置妥当这三个选项就可以打印了，将模板打印好，你就可以准备制作你的第一台纸相机了。

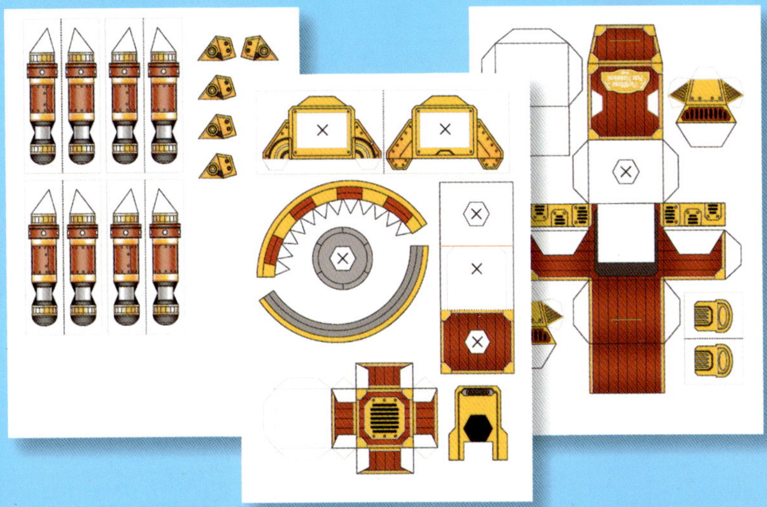

# 为线描稿着色

光盘上的线描稿文件夹中包含每款照相机的一套空白模板。这是专为你在电脑上着色准备的（你也可以直接打印出来用钢笔、铅笔或彩笔手工着色）。下面的提示和技巧将帮助你开始。

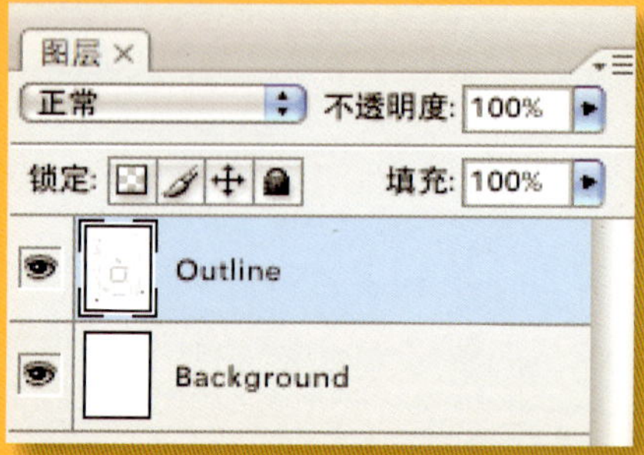


## 单色填充

线描稿模板是PSD格式文件，大多数相机的模板会有多个PSD文件，你需要将全部的模板着色和打印才能制作相机！在这里我使用Photoshop，你也可以使用Photoshop Elements，Paint Shop Pro，甚至是Gimp给模板上色。要注意一些工具名称可能不一样。

1

从软件中打开你要制作相机的所有模板文件，然后打开图层（从Photoshop菜单中点选窗口>图层）。

该相机的模板文件是三个独立的图层，顶层是轮廓线和折叠虚线图层，最下面是白色的背景层，点选轮廓线图层。

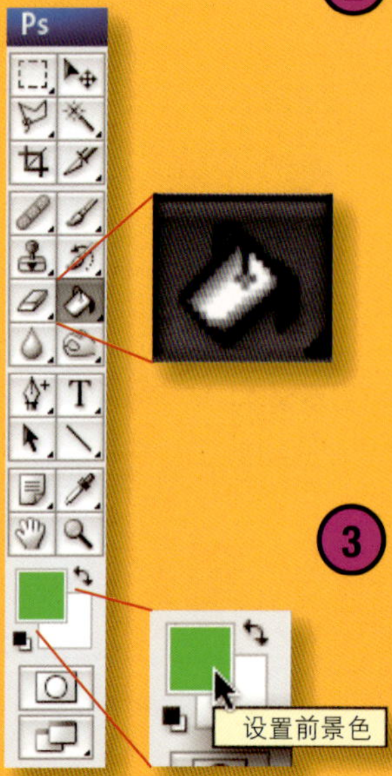


2

要添加纯色，从工具栏中选择颜料桶工具，再从工具栏中设定你想要的前景色。在模板的某个区域点击，这种颜色就被填满这个区域。但你仍然可以看到轮廓线和折叠线。有些地方已经被涂成黑色，这是不能更改的，因为黑色有利于相机内部的遮光。

3

您可以通过双击工具栏下面的方形“设置前景色”工具来改变颜色。这将打开颜色选择器，在那里你可以选择不同的颜色供颜料桶工具来使用。

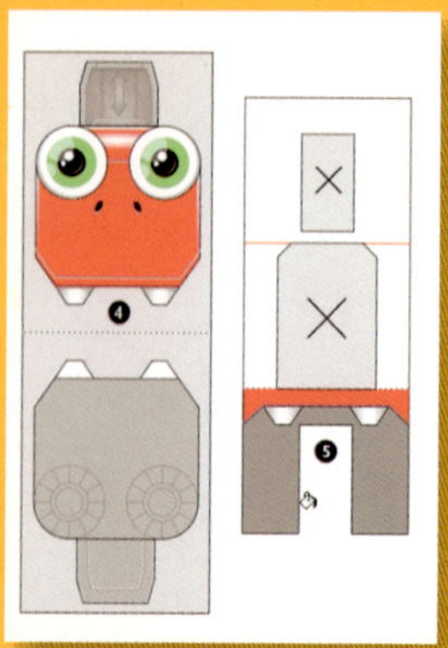

4

不断变化颜色和填充模板，直到你全部完成。注意在打印前要把全部的文件着色！

## 笔刷着色

虽然颜料桶工具是快速着色模板的好方法，但是它只能用于区块单色上色。对于部分相机来这样的方法效果不错，但是如果你能使用画笔工具上色就可能为你的相机带来更多创意。

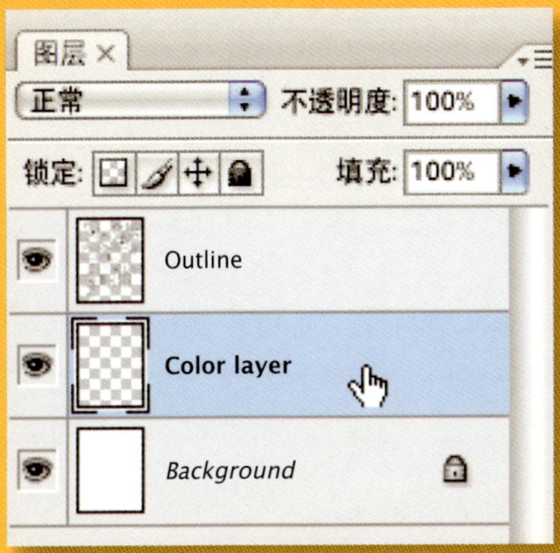


1 一如以往，打开模板和图层工作窗。单击以突出显示背景层，然后从主菜单中选择图层>新图层。为新图层起名“色彩层”，你将在这一图层着色。

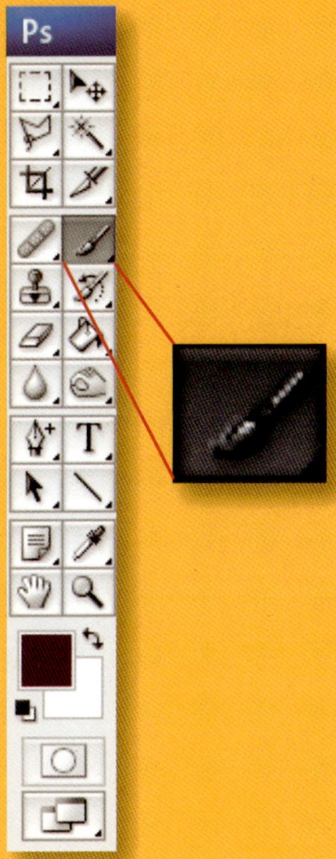


2 从工具栏点选画笔工具开始工作。画笔工具的效果就像真实的画笔一样。从程序中可以改变笔的大小、形状和硬度。你也可以像之前更改前景色颜色一样更改画笔工具的颜色。一些程序还可以让你更改笔头的形状，除去常见的圆形还有钻石形、心形、闪电形状等等。

3 使用画笔工具，你可以“徒手”画你的模板，并使用不同的颜色来创造图案或形状。不用担心画到了模板轮廓线以外，因为打印出模板后，你需要沿着轮廓线去除多余的部分，轮廓线外的会被剪掉。

4 在打印前一定要画完全部的模板，这种“手工”着色的相机一定是独一无二的。

PINOX SLIDE
HOLEIFLEX
CLOSE
Kodacolor
PROCESS C-41
FUJICOLOR SUPERIA
FUJICOLOR SUPERIA
PINOLTA
SMILE
HOLD POSE
PULL

# 制作你的相机

我们已经知道怎样打印出纸相机模板和怎样给模板着色(根据你自己的需要而定)，现在我们要搞清楚怎样处理这些模板。这个章节将从最简单的相机到最复杂的相机一步步教会你如何制作。

纸相机的基本型是“Like-A”，它也是光盘中所有款式纸相机的基础部分。所以，不管你想要制作简单易用的纸相机，还是制作结构复杂的纸相机，第18页的Like-A都是不能越过的。在你进入正式工作前，通读下面的页面，你会了解需要用到哪些工具；找到关于相机样板的几个小贴士和技巧；还有了解怎样制做至关重要的针孔镜头，不同于普通镜头形成的影像，针孔镜头形成的照片让人印象深刻。

# 动手之前

制作纸相机很容易，但你需要一些工具来辅助你的工作。不要担心，不需要专业的工具，你最需要的东西你可能已经有了。在此部分我们将着重介绍与制造相关的内容，针孔镜头的制作在后面会介绍。

■ **卡纸**

□制作纸相机最好使用135磅(220克)的打印纸，喷墨打印机完全兼容这种打印纸。避免使用较薄的打印纸，因为过薄的打印纸会使你制作出的纸相机漏光。

□更厚的卡纸(例如麦片的包装纸盒)可以用来做基本型Like-A，厚卡纸将使你的照相机防漏光效果更好，但是因为过厚，不能把它放入纸相机机壳中使用。如果你的打印机无法打印更厚的卡纸，可以把模板打印在普通纸上，然后粘贴在厚卡纸上使用。

■ **裁切**

□按轮廓线裁切最好使用有尖角的刀或者剪刀，使用金属尺保持线平直。

□一张塑胶切割垫板将帮助保持你的刀片锋利也防止损坏工作台。

□处理曲线，长刃的剪刀适合处理长的曲线，小型的工艺剪刀更容易处理小的曲线。

■ **折叠线**

□最简单的折叠卡纸的方法是先沿着折叠线刻画，使用直尺（金属尺）和刀背(不是刀刃！)或一支无水的圆珠笔刻画折叠线形成凹痕。然后根据图示要求折叠卡纸(图示参见对页)。

■胶水和粘合剂

□固体胶很适合粘贴纸卡，或者你可以使用PVA胶水。所有纸和纸卡都能够良好粘接，如果是快干胶，还有利于加快速度。

□双面胶可以用于更大的零件，但是它粘合后很难分离，因此粘合前请确定零件对位准确，一旦粘合便没有更改的机会！

## 模板图例

设计好的模板上各部分以各种各样的线标识，例如实线是切割线和虚线是折叠线。请确定向正确的方向折叠，它将使照相机的制作更加容易，如果折叠错误将无法继续制作！

**裁剪(实线，黑或灰色)：**沿着这条线剪切。

**切开(实线，深蓝色)：**一条粗实线，蓝线显示你应该在模板的这里切开一个裂缝或开口，用来放置遮挡针孔的挡片。

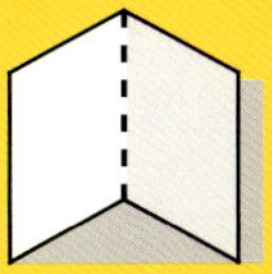

**山折叠(虚线)：**山折叠即向外折叠，是用于照相机模板的常见折叠类型。刻画这条线并且把线两边的部分向下弯，这样折叠出的样子像山脊。

**谷折叠(实线，红色)：**谷折叠即向内折叠。刻画这条线并且向上弯折线两边的部分，折叠出形状像山谷。

X

**去除部分：**形状标记为X，例如胶片前的片框部分，应该从模板上去除。

**涂黑部分(全黑区域)：**模板上完全涂黑的部分是为了防止漏光，防止未拍摄的胶片上出现“灰雾”。尽管已经打印成黑色，也需要用黑马克笔在这些部分的反面涂上黑色，确保这张卡纸完全防漏光。

# 制作一个针孔镜头

这本书中所有照相机都使用简单的“针孔镜头”。它将经常出现，你需要做的就是依照事先的设计用针在金属片上扎一个孔。还有，想要创造鲜明的图像，生成清晰的影像，这个“镜头”需要金属制作，这样就能让你创造出最小、最出色的“针孔镜头”来拍摄照片。

### 你需要准备

- 一个空的铝制易拉罐
- 一把能够剪断易拉罐铝片的大剪刀
- 1200号（或者更细的）砂纸，最好是干湿两用的砂纸
- 一块1英寸（2.5cm）见方的橡皮
- 一根缝衣针或者是大头针

在许多针孔摄影书提及的传统方法是使用一个小轴承滚珠在黄铜垫片上用锤子敲击。我个人是很提倡锤击的方法（在这个过程中伴随着噪音和破坏的乐趣！）但是它不能作出最好的针孔。更重要的是，“黄铜垫片”不是随处可以买到的。

可是出售灌装汽水（或啤酒）的很多，上面的“铝片”用来做针孔镜头不错，价格很便宜。另外，我先享受了罐里的饮料！你可以用磁铁检查罐体是否是铝制的。如果你能感觉到磁性就是铁质（质地坚硬难处理），这样你就需要再买一罐再喝一杯，直至找到铝罐。随着制作进行你可能需要多买几次！

## 制作“镜头”

**重要提示**：以下步骤你需要非常注意，在你切开铝罐后，铝片的金属边缘将非常锋利，所以要十分小心！

1

清空洗净铝罐。用剪刀剪开铝罐的一端，然后把环形铝片剪断再剪掉铝罐的另一端，这样就得到一张铝片，“针孔镜头”就用它来制作。在桌子边缘展平卷曲的铝片，或者用厚重的书籍压上一夜，给它压平，这样在以后使用时更方便些。

2

制作镜头的好办法是用铝片做几个“镜头”，选择最佳一个，因此请重复几次下面的步骤，剪出几个方形铝片，大致是1.5英寸(4cm)的正方形的。这些铝片将成为你的镜头。

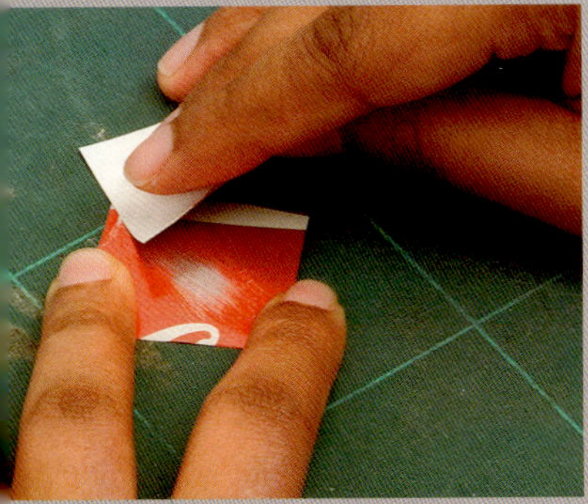

3

使用砂纸打磨铝片有油漆的一面，不需要全部打磨干净，只需要打磨中间的一小块即可，因为需要在此处打孔。翻转铝片并且在另一面的中心打磨，去除铝片里面的塑料薄膜层并且减少铝片的厚度。

4

把打磨好的铝片油漆面向下放在橡皮擦上，拿起针。轻轻地用针刺铝片的无漆面，转动着打孔。一直转动针直到穿透铝片，只需要针尖刚刚穿透铝片就好。

5

在光线下观察打出的孔。如果这是你的第一个尝试，并且针完全刺穿(不仅是一点)，或许孔有些大。但是不用担心，铝片很多，再做一个就是了!

6

当你得到一个“完美”的孔之后，把铝片的油漆面向上，用砂纸在孔和周围做圆形的打磨，将针刺后小孔边缘的突起打磨平。这个孔大概会被金属碎屑填满，因此需要在打磨中不时清理并在光线下观察。现在你已经有了一个完美的“针孔镜头”，可以立即用在照相机上了。

## 测量你的针孔“镜头”

纸相机实用针孔的最小直径大约是0.01英寸(0.0245mm)，小于这个直径的孔会产生衍射(光通过孔来传播会出现的问题)，更小的针孔不能增加图像的清晰度，反而会带来问题。书中指导制作的“针孔镜头”相当于机械相机f/120的光圈孔径。

测量针孔最容易的方法是把做好的针孔铝片放在金属尺下面，在灯箱上用放大镜仔细观察(这需要一点技巧)。尝试数一数金属尺上1毫米长度可以容纳多少个针孔。如果你制作的针孔在1毫米中可以放下6个，那么你做的针孔就基本成功了。

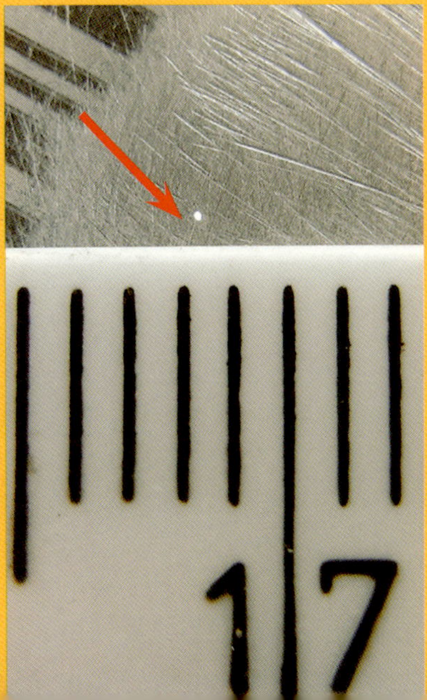

# Like-A 基本型

Like-A是这本书照相机款式中的基本型号，是最容易做的。但不代表它是简单的傻瓜机，这个封闭的盒子将在以后为你拍摄精彩的针孔照片。Like-A是制作本书中其他款式相机的起点，为什么不多做几个呢?

## 你需要准备

- 一张白卡纸(135 磅 / 220 克)
- 工艺刀（或刻纸刀）
- 金属尺
- 制作好的“针孔镜头”（见20页）
- 胶水
- 黑色马克笔

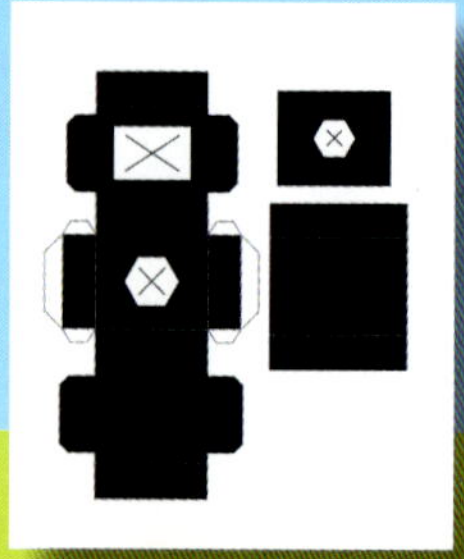

## 提示

如果你不打算把Like-A放进装饰壳里使用，可以把模板打印到普通纸然后粘到麦片包装盒上。这将使相机更结实和富有装饰性！并且作出的相机防漏光效果更好，你的胶片不会在拍摄前出现灰雾。

1

从CD中打开Like-A模板并打印在卡纸上。使用135 磅(220 克)的卡纸最有利于制作。

剪切，刻画，并折叠所有标记的部分，参考第15页的说明图例去除所有标记“X”的部分。

除非你使用的是麦片包装盒（见提示），如果不是，就要把整个模板涂黑，以确保它安装后有效防漏光。

2

把主体暗盒（1）粘接起来，这部分模板中有两块需要抠除。首先将裁切好的模板两边白色部分涂上胶水，折叠后粘贴，轻轻按压一会儿，直到不会脱开。最后紧按各部分用胶水进一步粘贴牢固。

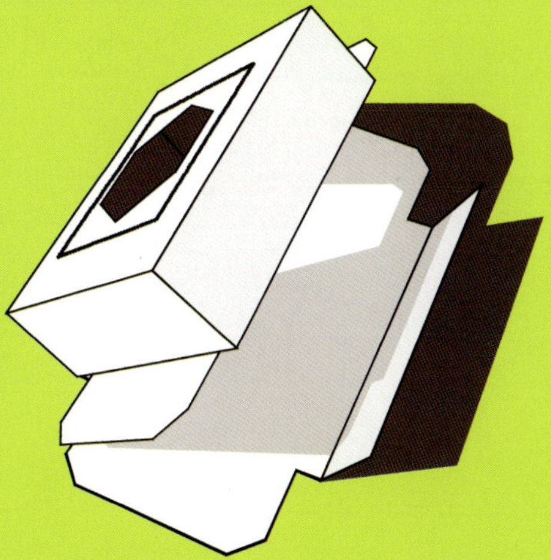

③ 接下来，粘接暗盒的背板底面。

不要粘接顶端部分，这样你可以打开背板装载胶片。

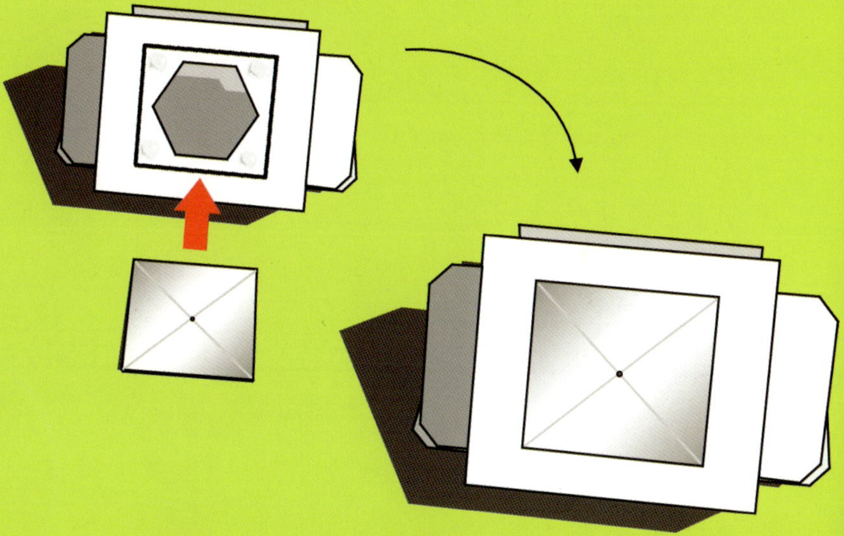

④ 在六边形开口的外面点四个胶水点，把准备好的“针孔镜头”粘上。这只是暂时的粘接，因为大多数胶水无法粘接铝制品。

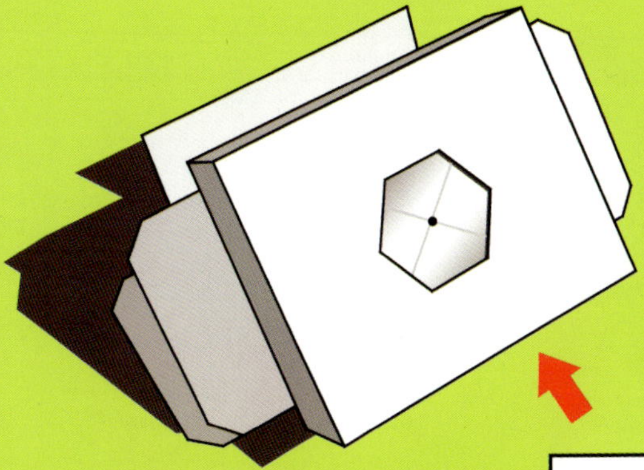

⑤ 若要永久的固定针孔镜头，需要把机身前盖板（2）粘到针孔镜头前。

⑥ 到这一步相机装配完成并可以装载胶片准备拍照了，用一块黑色胶带粘住针孔当做快门就行。配合 “相机后盖” （3）你就可以参考60页的内容立即开始拍摄了，或者翻到下一页再制作一个相机外壳。

# Pinolta 改进型

Pinolta将改变基本型Like-A，把它从一个拍照的黑盒子变成一台单镜头反光式相机的形态，甚至包括遮光罩和任意开合的快门。

## 你需要准备

- 一台装配好的Like-A相机
- 两张白卡纸(135 磅 / 220 克)
- 工艺刀（或刻纸刀）
- 金属尺
- 制作好的针孔镜头（见16页）
- 胶水
- 黑色马克笔

## 装配相机机身

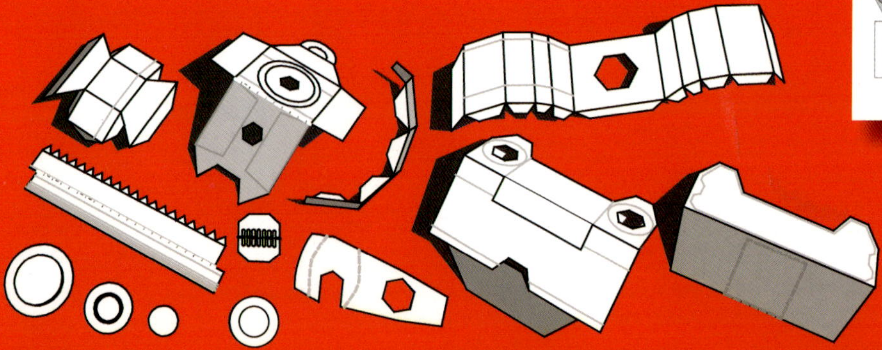

① 打印Pinolta模板页面并剪切好，刻画、折叠好所有部件。

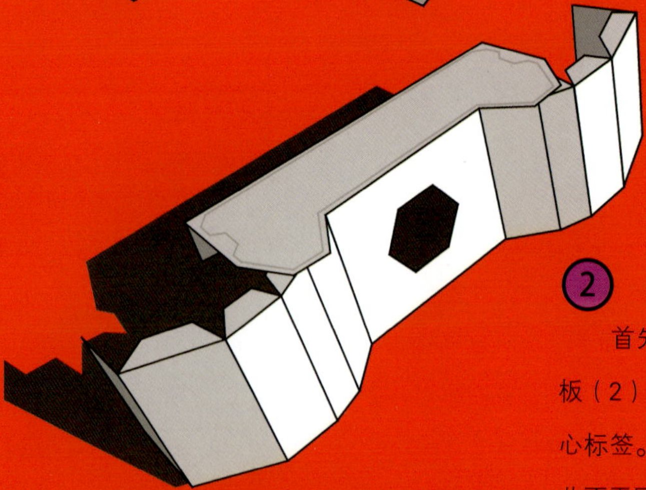

② 首先粘合机壳的前部、底板（2）机壳中间前部（1）中心标签。前面板是对称的，因此不需区别粘合方向。

③ 折叠前面板的两边部分并且与底板粘合。注意后部背板不要粘接。

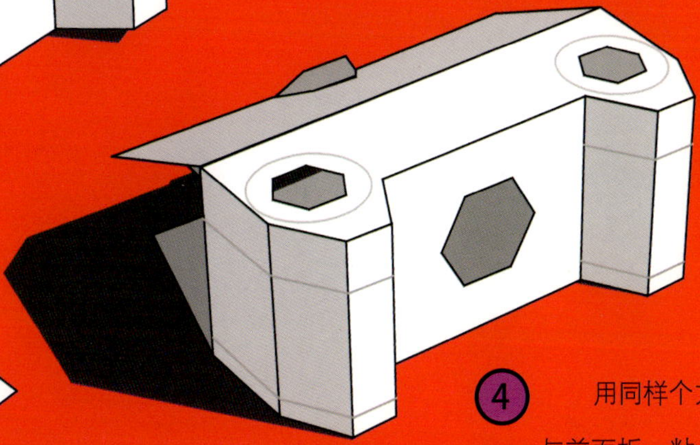

④ 用同样个方法粘合顶板 (3) 与前面板，粘合前检查顶板材料上的二个孔已经切割妥当。

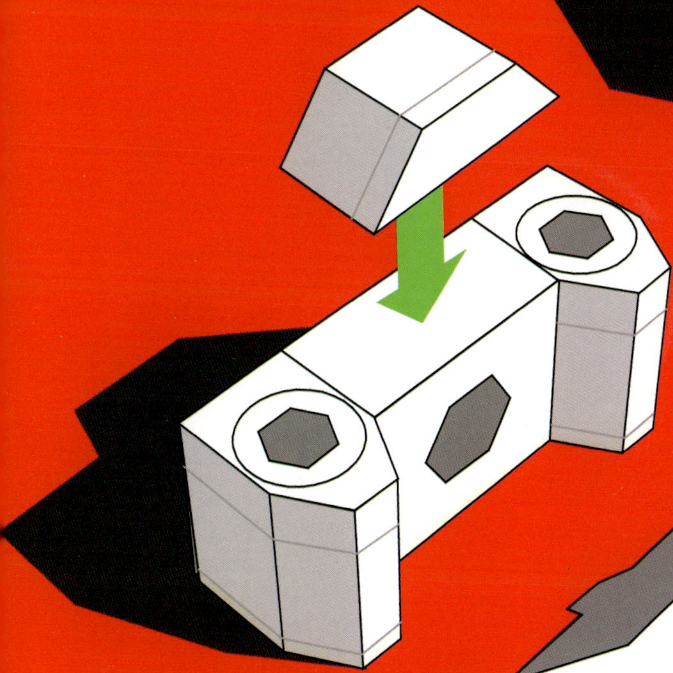

⑤ 折叠并且粘合模型顶部突起部分(4)并且将它与照相机机身粘接牢固。

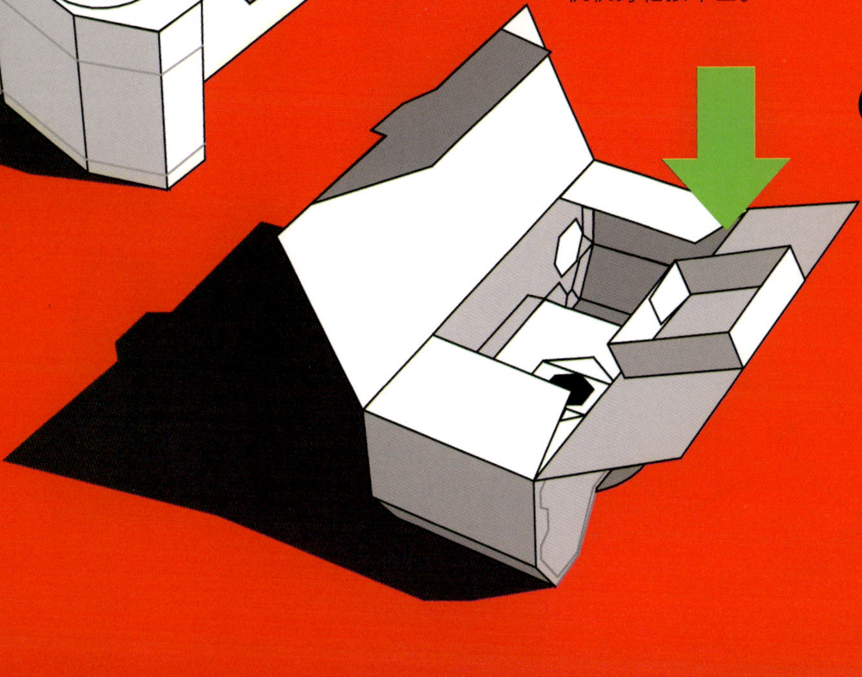

⑥ 折叠粘合这个方框 (8)，将它粘合到相机后部底板的突出部分，这方框的作用是固定并且压紧Like-A防止它松动。

## 装配快门帘

⑦ 把快门挡板(12)的反面涂黑确保能有效防止漏光，使用前中后 (9) (10) (11)三块小圆片将快门挡板轴装配好，装配正确的快门挡板豁口是向左的。轻轻捏住圆轴片转动快门挡板，确保挡板能够顺滑转动没有被多余的胶粘住。

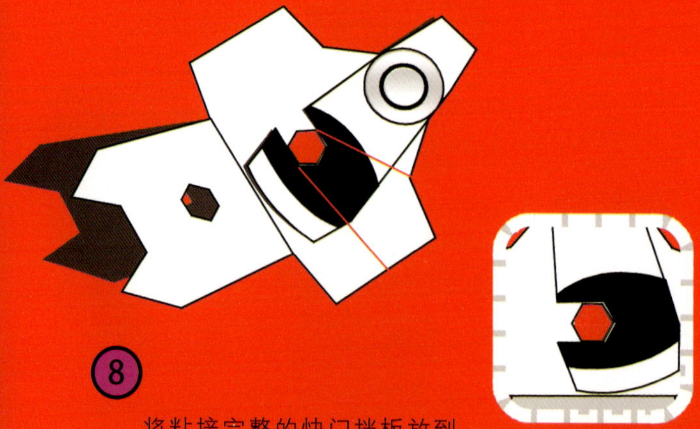

⑧

将粘接完整的快门挡板放到快门袋(13)中，把快门轴片与快门袋圆形突起部分对位粘合。

注意你粘合的位置，快门挡板的豁口与快门袋的孔洞应该是对位的。

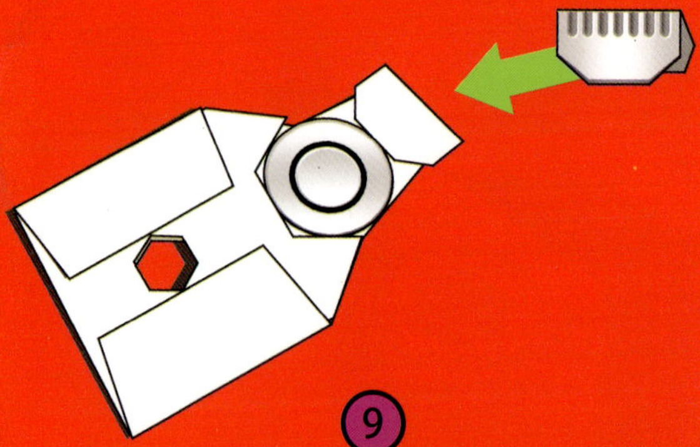

⑨

将快门挡板的装饰把手(7)粘接上，测试整个快门装置确保它准确良好运作!

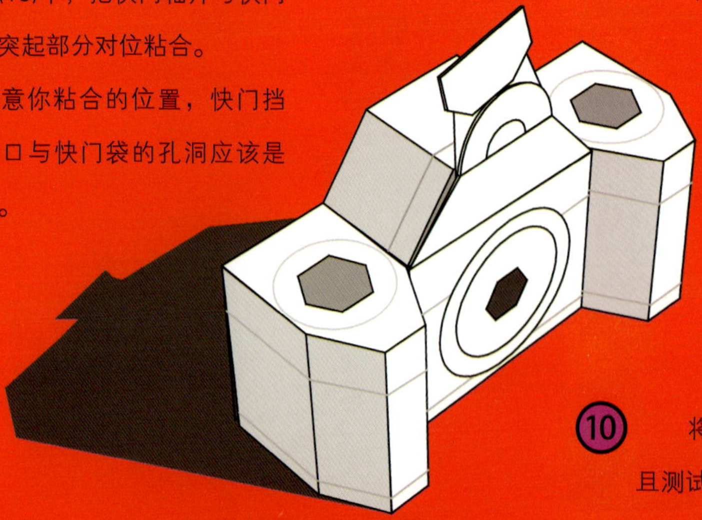

⑩ 将整个快门装置粘合到相机前部并且测试其工作状况。

## 镜头遮光罩（选装）

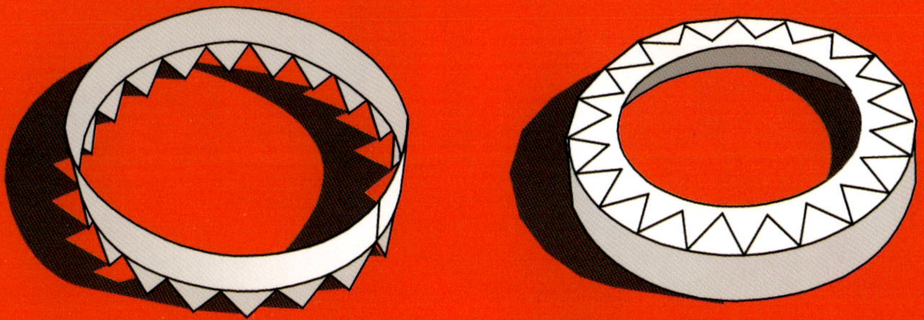

⑪ 沿虚线折叠镜头遮光罩(5)模板的尖齿状外缘，小心地弯曲遮光罩模板并且把两端粘牢。

用黑色环状贴片（6）粘到镜头遮光罩内部，这将帮助镜头遮光罩能形成更好的圆形也能遮盖不美观尖齿状外缘!

⑫ 将组装好的完整遮光罩对准Pinolta照相机前部牢固粘合。

## 使用Pinolta

准备好Pinolta，打开照相机的后盖并装入Like-A 组件(不需要“相机后盖”和简易快门，注意针孔镜头的方向对准Pinolta的正面。

当你想要拍照时，你需要移动快门挡板打开快门。当曝光完毕，关闭快门。可以用大的曲别针插入片轴过片，顺时针转动片轴约3/4圈到下一张。

### 你需要准备

- 一台装配好的Like-A相机
- 四张白卡纸(135 磅 / 220 克)
- 工艺刀（或者刻纸刀）
- 金属尺
- 针孔镜头（见16页）
- 胶水
- 黑色马克笔

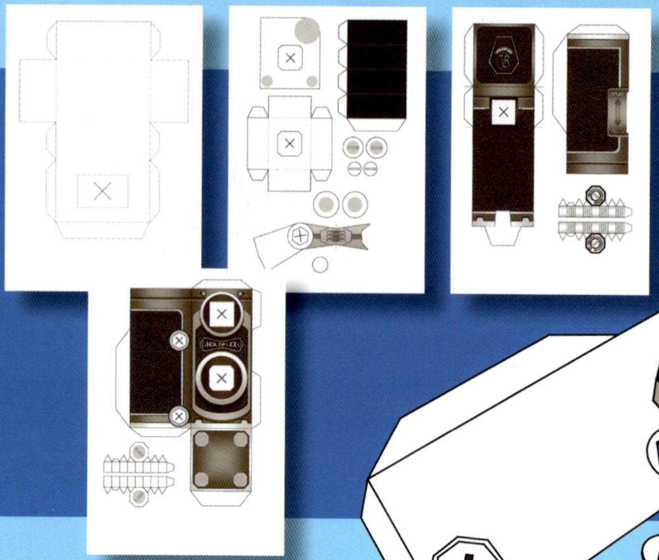

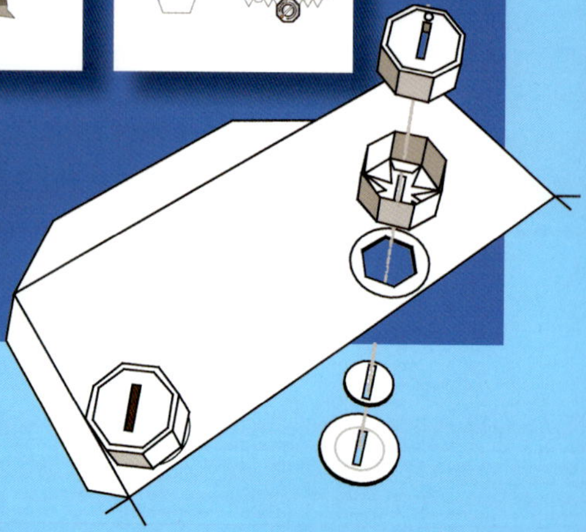

# Holeiflex 双反型

Rolleiflex相机在20世纪50、60年代经典的TLR（双镜头反光）相机中是领先的款式。这是你可以制作的最大尺寸的相机了，卷片旋钮与反光式取景集合的工作方式将带给你一些思考，因为相机取景框中看到景致与你拍到的略有不同。

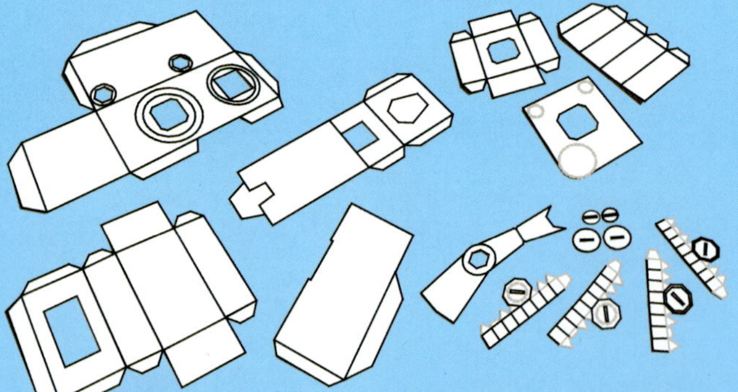

1

打印出四块模板页，去除带有“X”标记的部分，刻画并折叠所有裁剪好的模板。

2

你需要做两个卷片旋钮，一个用于向前卷片，一个用于回绕胶片。虽然两个的结构和安装方式是一样的，但是在装配前要确保你切割好旋钮内壳（2）和旋钮外壳（5）的细缝。卷片旋钮是由模板折叠成八边形并粘接而成。胶干后，把小轴片（10）与大挡片（9）粘接，干燥几分钟。将粘好的部件小轴片向上，从背面放进相机机身侧板（1）上的六边形孔内，将旋钮内壳的底部与六边形孔内的小轴片粘合牢固。待干燥几分钟，轻轻转动旋钮测试其灵活性，防止多余的胶水将其与机身粘住。将旋钮外壳扣上旋钮内壳（过片钮在机身上部，回片钮在机身下部），确保细缝对准，另一个旋钮也照此安装。

**3** 折叠好快门挡板（12），粘合牢固。将挡板背面全部涂黑。把小的快门轴片（13）对齐大的快门挡片（11）灰色部分粘合牢固。将粘好部件的小轴片向上，从下面放入快门挡板上的六边形孔内，仔细的将另一片大的快门挡片与小轴片粘合，小轴片像三明治一样被两个大的挡片夹在快门挡板的六边形孔中并能自由转动。旋转圆形挡片，防止被多余的胶水粘死，保证快门挡板的灵活。

**4** 将粘合完毕的快门挡板与大的快门护板（6）粘合，注意将圆形挡板对位粘合到护板的灰色圆形部位。转动快门挡板，确保其能够转动顺滑。快门闭合时，快门挡板应该可以将护板上孔全部遮挡住。将组装好的快门组件粘合到机身模板内部的对应位置，注意只在组件上的三个灰色部分涂胶水。对准快门护板和机身上快门开孔的位置粘合，确保快门挡板能顺畅工作。

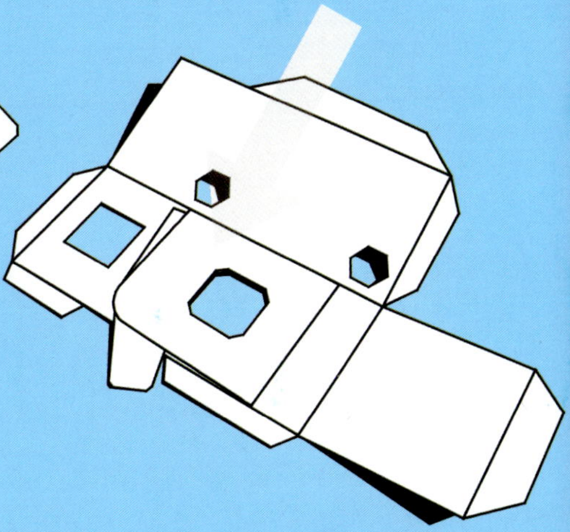

**5** 用黑色马克笔将取景器（7）内面涂黑，粘接成管状方形，末端的四个梯形粘签无需上色，沿线刻画后向外翻折。

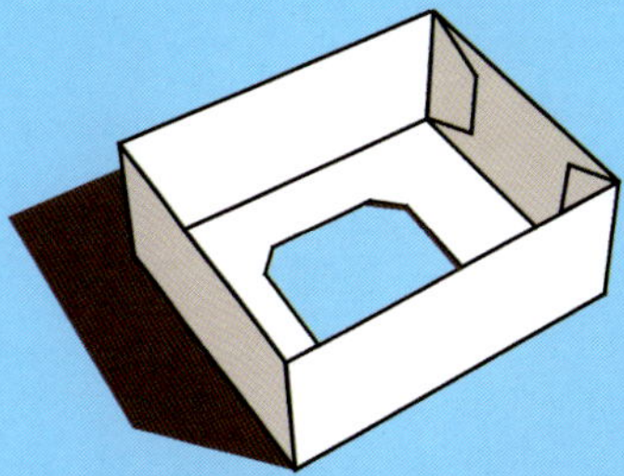

**6** 下一步，制作Like-A的定位框（8），即一个上面敞开的简单盒子。

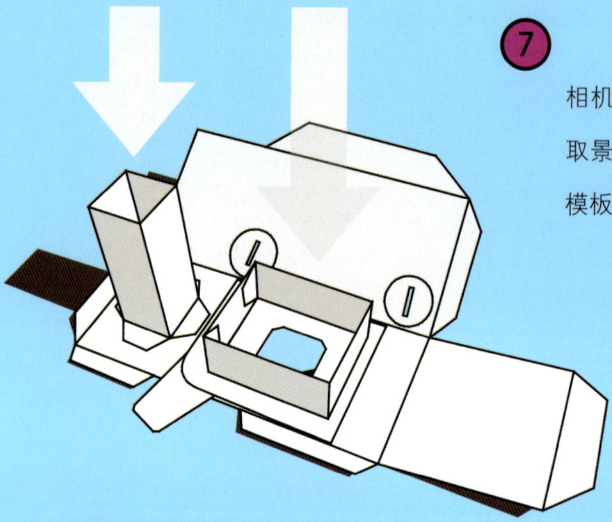

7 将取景器和定位框粘合到相机前壳体模板的内面，确保取景器和定位框的开口与壳体模板的开口对位准确。

8 现在，粘接相机外壳的左面（4）和背面（3）到相机主体上。

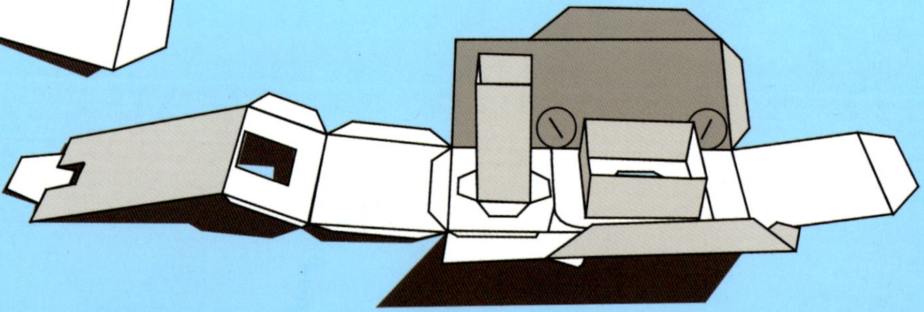

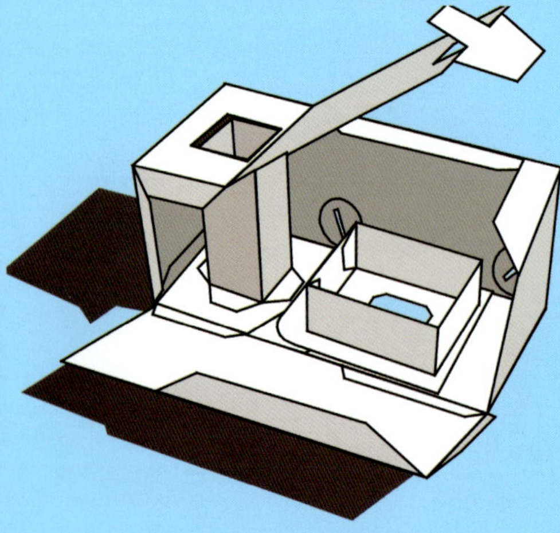

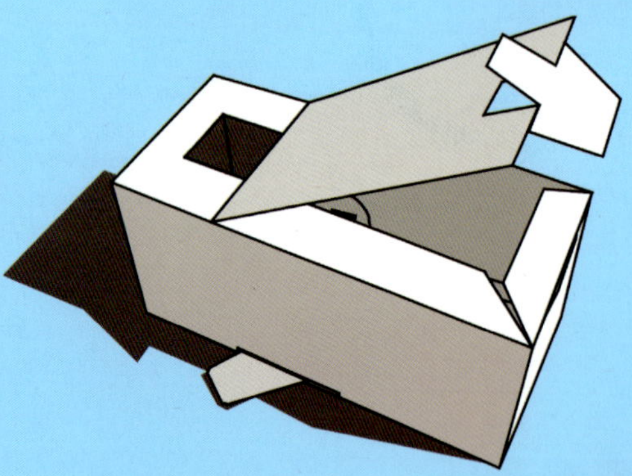

9 粘接相机两侧和其余部分，但是要保持相机后面的底部面板是打开的。

10 按照模板刻画折叠线，组装好Like-A的保护罩（14）。

11 将装载胶片的Like-A放入相机里的定位框，胶卷应该靠近机体底部，上面的胶卷应该去除片轴突出部分。

12 将保护罩扣在Like-A上，关闭后盖，把后盖上的锁扣插入相机底部的细缝中。

13 把两个大号曲别针分别插入上下两个卷片旋钮的细缝中，你可能需要一点点转动旋钮来传输胶片到下一幅。至此，你的Holeiflex大功告成！

## 使用Holeiflex

开始使用Holeiflex前，先转动卷片轴一圈半，才能拍摄你的第一张照片。

使用相机取景器对准景物，但要注意的是，取景器中视角与镜头是不一样的，相机取景器仅仅可作为参考，为你指示相机所面对的方向。

打开快门挡板开始为胶片曝光拍摄，可以参考针孔相机的曝光表看看需要打开快门多长时间。到了你认为准确的曝光时间点，即可关闭快门，旋转上面的卷片旋钮（过片钮）3/4圈，这样就过片到新的底片准备下一次拍摄。

当你全部拍摄完毕，旋转卷片旋钮（回片钮）回绕胶片到原来的暗盒中，取出Like-A，卸下胶片准备冲洗。

# Pinox 迷你型

凭借其极小的滑动外壳，Pinox成为针孔摄影师的间谍式相机。其简单的外形也使它成为一款伟大的定制式相机，这样的外形可以使它与周围环境融合，甚至人们完全没有察觉你是在拍照。

## 你需要准备

- 两张白卡纸(135 磅 / 220 克)
- 一张厚卡纸（麦片包装盒或类似的卡纸）
  工艺刀（或者刻纸刀）
- 金属尺
- 针孔镜头（见16页）
- 胶水
- 黑色马克笔

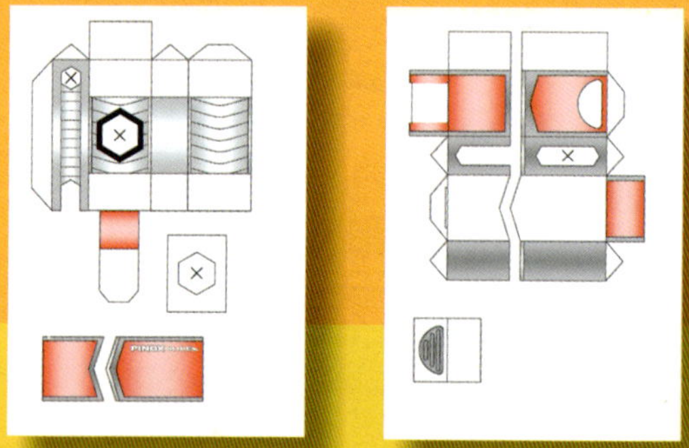

X

①

打印出模板页，切割开内部地遮光板（2）和前面的遮光板（3和4）。仔细地沿着模板的轮廓线切割，不要切到零件模板的内部。

裁切完所有模板后，使用工艺刀和金属尺将模板上标有黑色“X”的部分去除。

②

拿一些厚卡纸，一定要足够厚，能完全阻光，麦片的包装是最合适的。将外遮光板和内遮光板粘到厚卡纸上（内部遮光板黑色面向上）。

胶水干后，仔细的切割下三个模板并将内部遮光板上标有“X”的部分去除。

③

折叠并粘贴握垫（7）成双层厚，然后按轮廓线切割下来并粘贴到滑动壳（6）后部的标定位置。

④

将内遮光板粘到机身（1）里面，遮光板的黑色是向着相机内部的，这样可以减少相机内部的光线反射。确保遮光板上的孔与机身前面板的孔准确对位。

⑤

现在你可以按照模板的折叠线组装相机机身，制成长方形盒子。

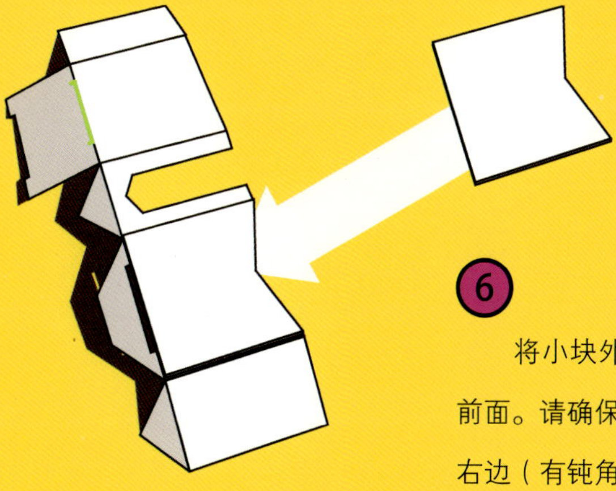

⑥

将小块外遮光板粘到固定壳（5）的前面。请确保小块遮光板位于中心位置，右边（有钝角的那边）与固定壳的相应位置对齐。

7

按照模板上的折叠线将固定壳和粘合装配起来。

8

将固定壳从机身的左侧套进，注意把机身上的长锁扣从固定壳的细缝中穿出。固定壳滑动到头，将机身的长锁扣弯折插入固定壳另一面的细缝中使机身与固定壳连接牢固。

9

接下来，刻画、折叠滑动外壳模板，让它紧紧包裹机身，看上去接触紧密。

在滑动外壳底部涂胶水将其粘合牢固。这样，滑动外壳不会过松或过紧，不会影响以后使用。

10

滑动外壳安装完毕，将大块外遮光板粘合到滑动外壳的前部对应位置，确保其与先前安装的小块遮光板紧密配合。这将防止不必要的光进入相机内部及对胶片形成不利影响。

11 现在你可以装入一个制作好的Like-A。先拆开机身的长锁扣卸下固定壳，只需简单地将Like-A推入Pinox机身内部，Like-A的针孔镜头与机身正面应该紧紧贴住。

12 再装上固定壳，把机身的长锁扣锁紧，在制作好的卷片轴里插入一个大的曲别针，用于每次拍摄后过片。

## 使用Pinox

拿着你的Pinox相机，将卷片轴转一圈半到你的第一张胶片。

拍摄照片，只需打开滑动外壳曝光拍摄，倒数计时曝光，然后将滑动外壳关闭。用曲别针旋转卷片轴3/4圈到下一幅，等待下一次拍摄。

当你拍到胶片结束，打开相机固定外壳，拿出Like-A，将胶片倒卷回去。

## 你需要准备

- ■装配好的Like-A相机
- ■四张白卡纸(135 磅/220 克)
- ■工艺刀（或者刻纸刀）
- ■金属尺
- ■“针孔镜头”（见29页）
- ■胶水
- ■黑色马克笔

# Thrillium Fox Holebot 高端型

Thrillium Fox Holebot是一个具有蒸汽朋克风格的创意，让人追忆过去的时光，黄铜和木材制成的照相机是那些挑剔的有创意的摄影师的首选。这些也是制作针孔相机的完美材料，Thrillium Fox Holebot具有特殊形态的腿，还内置取景器帮助你构图拍摄。

1 打印Thrillium Fox Holebot模板需要3张卡纸，为了加强相机的腿，这部分模板已经设计成双份打印。

首先打印出模板，然后将相机腿（11）和腿部支架（12）粘到一块空白卡纸上，这样它的厚度就是双层的。

使用工艺刀裁切所有的零件，除去取景器（5）外，去除所有零件上标有“X”的部分。

2 粘接机身的内部背板（1）进机身（2），这个背板可以支撑和定位Like-A，也间隔和区分出机身内部空间，在机身后部形成一个空盒子。

组装好相机机身背部，从前面将内部背板插入机身，将两侧的粘签粘合完成安装。

3 粘合镜头遮光环内面（8）和遮光环外面（6）。遮光环外面的三角形粘签应该向着中心，所以粘接内外两个遮光环后的圆弧形模板上只有一半是有三角形粘签的。

4

仔细地弯折遮光环并粘合到一起，制成一个完整的镜头遮光罩。确保零件粘接整齐并按压使其牢固。

待胶干后，剪断三角粘签的尖头，使边缘呈圆形，粘合遮光罩挡片（7）到遮光罩的中心。再次修整从中间六边形孔露出的三角形标签。

## 装配快门组件

① 粘合快门袋（13）的后面部分和中间部分开始装配快门组件。要在中间部分的框上涂抹胶水，注意去除多余的胶水，防止胶水阻碍快门挡板的移动。

② 将快门挡板（10）上六边形黑色部分的背面同样涂黑。仔细涂布胶水到快门袋中间部分，放置快门挡板到快门袋中保持顺滑移动，然后将快门袋前面板粘合。均衡施压以确保胶水均匀变干，测试快门挡板的滑动，防止多余的胶水粘住，确保它工作顺畅。

曝光时不用担心快门挡板会掉出快门袋，特殊的结构设计会杜绝这种问题发生。

⑤ 将完成的快门组件粘合到机身前部，然后将镜头遮光罩粘合到快门组件前部，注意六边形孔对位准确。

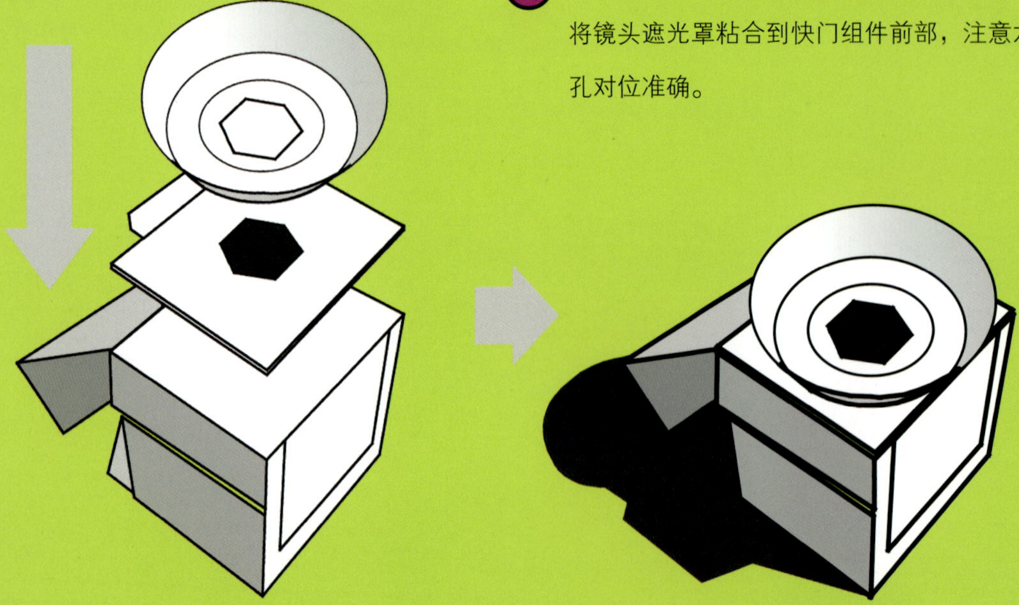

6 下一步是组装相机的腿。折叠相机腿模板并且粘合成4层厚。在这里用双面胶粘合比较合适。

粘好相机腿等到胶干，然后小心地切出相机腿。由于相机腿是4层纸的厚度，因此将较难切割，可以用多次轻点的切割方式，而不是试图一次切割完成。

7 切割相机腿支架，用胶水将它们与相机腿顶部的标记位置粘接。支架的设计与相机腿相对应，所以粘接后形态应该是整齐的。

8 现在组装相机的机座（9），折叠粘接成一个扁平的盒子。

9 将相机腿粘合到机座角上的标示位置。机座在下面，四条腿在机座的角上。

10 装配两个胶卷托架（3）。你会很容易找到并制作这两个最小的三角形部件，一次性粘合完零件上的粘签。等到晾干后将其粘合到机身两侧的标示区域。

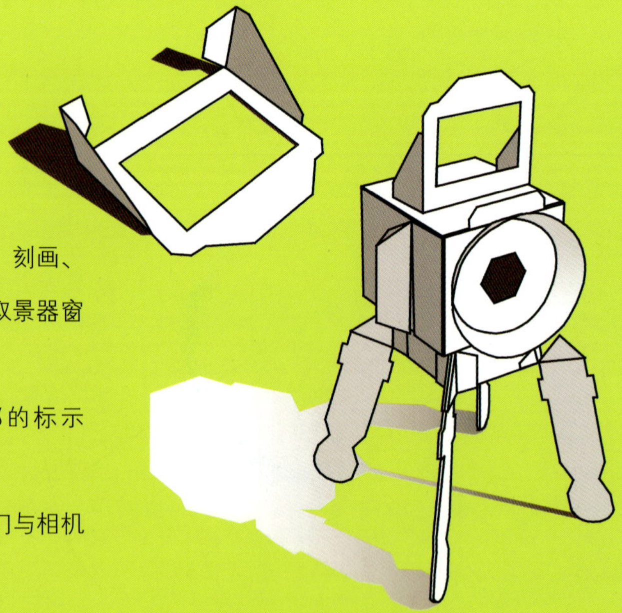

11 折叠并粘合好取景器。等胶水干后，刻画、折叠出侧面支架和粘签，用工艺刀切除取景器窗口标有“X”的部分。

将制作好的取景器粘到相机顶部的标示位置。

粘合相机机座部分到机身，检查快门与相机前部粘接是否整齐，防止其前倾。

12 折叠锁扣（4）并且粘合两面成双层。胶水干后仔细切割出锁扣。

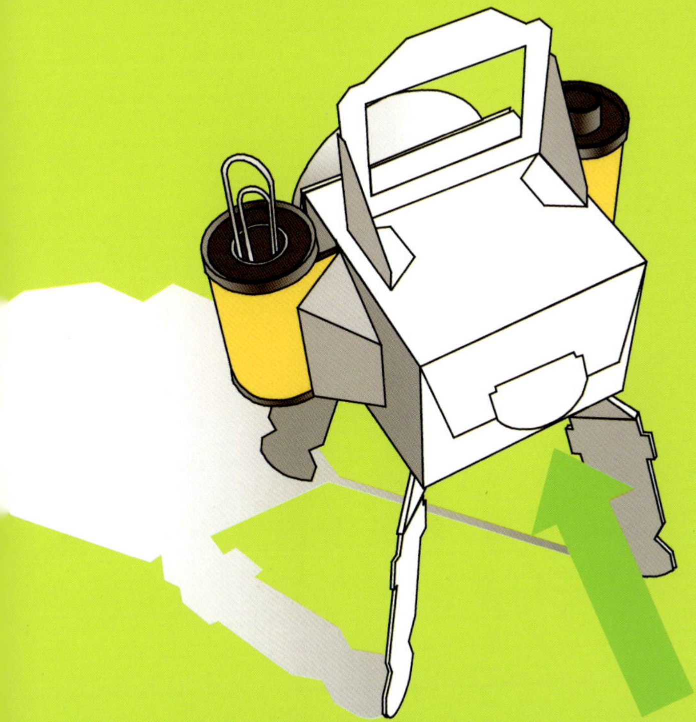

⑬ 最后，打开Thrillium Fox Holebot的顶盖，放入一个装载胶片的Like-A，注意用胶带将胶卷与Like-A粘接牢固，防止其脱落。

关闭Thrillium Fox Holebot的顶盖，将锁扣插入机身后部的细缝中，将顶盖与机身锁住。

## 使用Thrillium Fox Holebot

你可以使用大曲别针为Thrillium Fox Holebot卷片。旋转大约一圈半即可前进到你第一张胶片的位置。

使用相机取景器瞄准目标，依据曝光图表估算好曝光时间。然后向上拉起快门开始曝光，到时间后关闭快门。

用大的曲别针插入卷片钮中，旋转约3/4圈前进至下一张胶片。

如果想拿出Like-A，解开全部的锁扣，打开Thrillium Fox Holebot的后盖即可滑动拉出Like-A。

# Chompy
# 可爱型

Chompy可能是有史以来你遇到的最可爱的针孔相机，它具有一个非常好用的针孔伙伴。它独特的大嘴巴形快门可以毫不夸张地“吃掉”它面前的场景，它有还有两种颜色可供选择！

## 你需要准备

- 一台装配好的Like-A相机
- 两张白卡纸(135 磅 / 220 克)
- 工艺刀（或者刻纸刀）
- 金属尺
- 针孔镜头（见16页）
- 胶水
- 黑色马克笔

1

像其他纸相机一样，用135磅（220克）的纸打印出你所选择的Chompy模板，然后切割妥当，刻画和折叠所有零件。

2

需要注意该模板的折叠方向（见第15页说明），粘合相机快门袋（5）的前部和中间部分。最好把胶水涂在中间部分，这样就不至于出现粘接错误！

将快门挡板（7）的背面和挡板附件（6）涂黑，以防止快门关闭时有不必要的光线进入，之后将快门挡板与附件粘合。

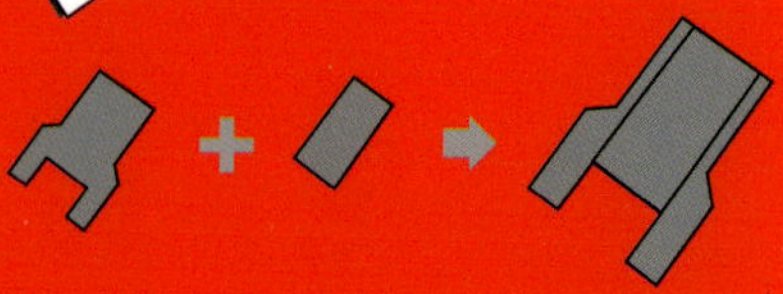

### 3

将快门挡板放入部分组装好的快门袋，挡板上定位附件与快门袋前部的方形槽吻合（Chompy的快门面板就要粘合到这个快门定位附件上）。

将快门袋的后部粘合。上下滑动快门挡板，防止过量的胶水把它粘死！

### 4

折叠并粘合相机快门面板（4），使其达到双层纸的厚度。待其晾干后切割出来。

用胶水涂到快门挡板的定位附件上，将快门面板与其粘合。施加压力以确保粘合牢固。

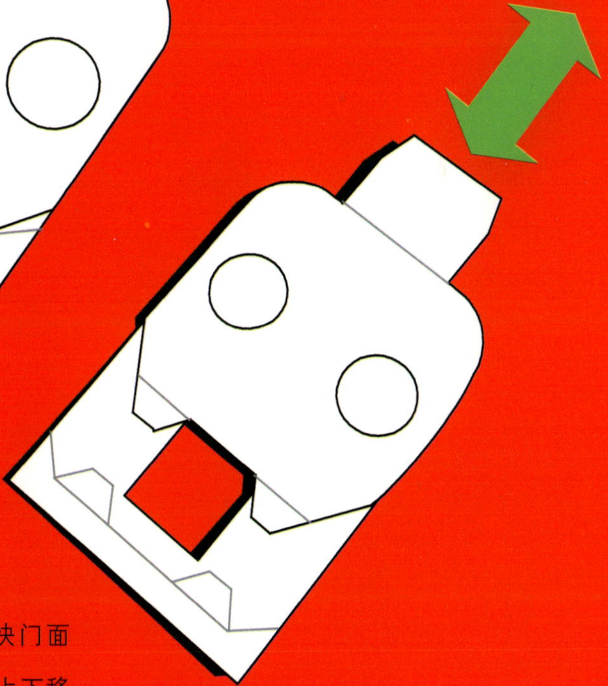

### 5

胶水变干后，上下滑动快门面板，防止快门被粘死，快门的上下移动不应该太费力。

6

折叠脚座（1）并粘接成一个正方形。

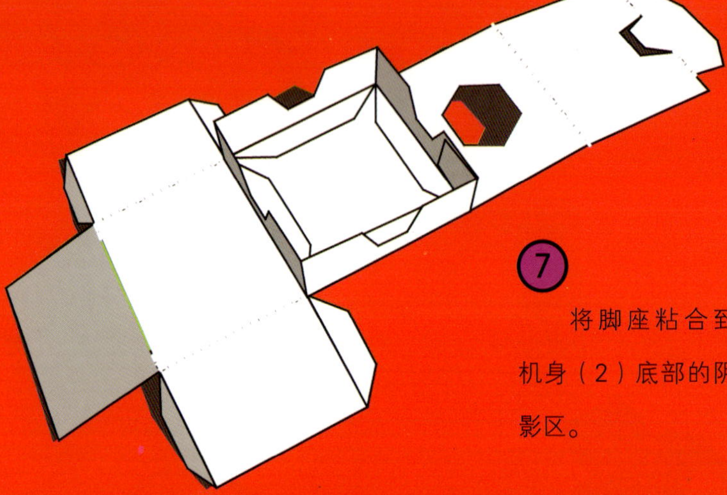

7

将脚座粘合到机身（2）底部的阴影区。

8

将机身模板折叠好，将粘签一一粘合形成相机机身。

9

现在你可以将装配好的快门装置粘合到机身的前面。适当的施加压力确保粘合牢固。

⑩ 接着，折叠Like-A护套（3）并粘接成一个正方形。

在护套内放入一个装载好胶片的Like-A，上下两个突出的纸片应该是向后的。

⑪ 将带有护套的Like-A插入Chompy机身里，准确定位。

⑫ 现在你可以关闭机身盖，从机身后部锁住。在卷片钮上插入曲别针，转动一圈半，就可以拍摄第一张照片了。

## 使用Chompy

用Chompy拍照片，只需拔起快门挡板，打开它的“嘴”就能为胶片曝光。每次曝光完毕就关闭它，并使用大曲别针转动卷片轴3/4圈准备好你的下一次曝光。

当你的胶片拍摄完毕，拿出Like-A并且倒回胶片。

## 你需要准备

- 一个装配好的Like–A相机
- 三张白卡纸（135 磅 / 220 克）
- 工艺刀（或者刻纸刀）
- 金属尺
- 针孔镜头（见16页）
- 胶水
- 黑色马克笔

# Stencil Cam 狂野型

Stencil Cam是这本书中最具狂野风格的针孔相机，不仅因为它的外观，更是因为它拍出的照片。切割好的片框插在镜头前面，可以拍到图像边界不规则的照片，如果模板中没有你喜欢的片框，你可以自己轻松地制作。

1

打印出模板并裁切出照相机的各部分零件。要保证片框两个面都打印在纸的一面，你可以从中选择一个加以使用。

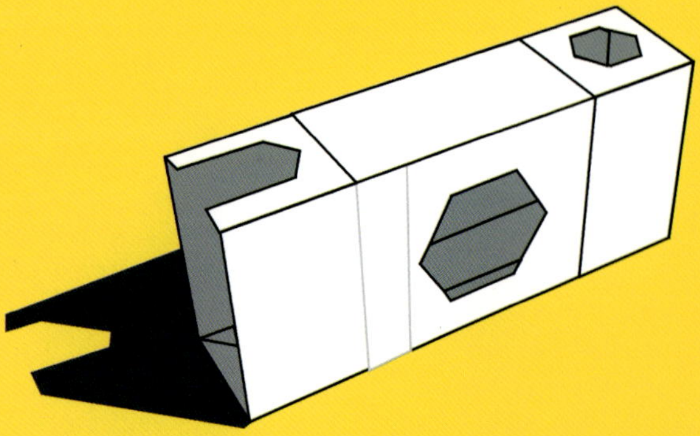

2

按照模板上的线和15页的指导装配相机机身（1）。

3

折叠好后粘合快门挡板（2）。折叠好快门手柄（3），暂时不要粘合。

4

使用黑色马克笔将快门护板（4）的反面涂黑。在相机机身前面的黑色区域少量涂胶水，粘上快门护板。

在快门护板下面定位快门挡板，快门挡板从快门护板尾端伸出，然后将快门把手与挡板粘合。

现在粘合快门护板的其余部分到相机机身前面的位置，限定快门挡板的移动区间。

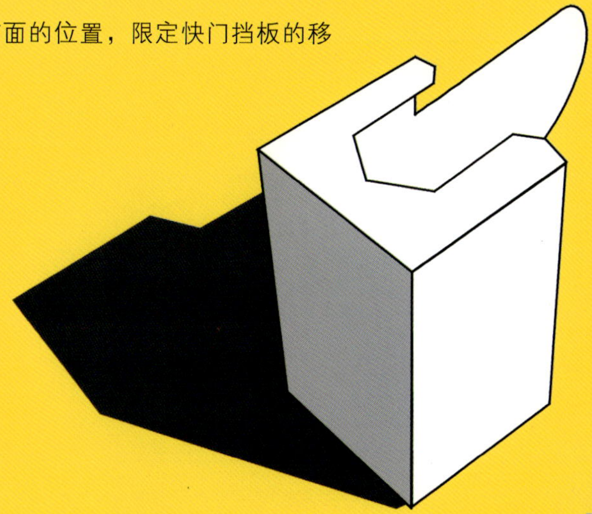

5

按照模板上标明的线粘合、组装机身帽（6）。

6

使用黑色马克笔将片框架（7）的背面涂黑，而且整个片框架的里面也都要涂黑，这是为了防止光在片框与机身间反射。

**7**

折叠片框架，将片框架上黑色梯形粘签与机身前面的快门护板粘合。

**8**

粘合片框架的顶部和底部到机身。

**9**

从模板上剪下片框（8）。将它们对折成双层厚度并粘合牢固。待干燥后，使用工艺刀仔细切出外形，去除中心部分。

**10**

平放相机，将片框放在相机片框架上方，不要粘合它们，这样只是为了定位片框面板。

在片框面板（5）的侧面和底面涂上胶水，将它粘到片框架上。要确保片框有富余的空间可以自由地在槽内滑动。

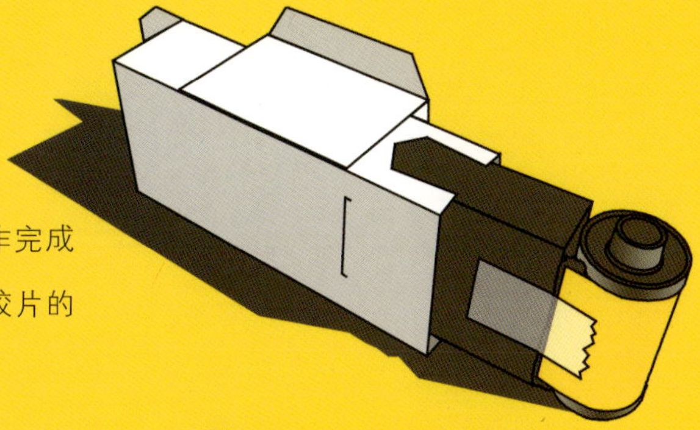

11

你的Stencil Cam制作完成了，现在可以将一个装好胶片的Like-A放进机身

12

盖上机身帽，将单独的锁扣插入机身后部的细缝中，这将保证Like-A的稳固。

## 使用Stencil Cam

拿起装配好的Stencil Cam，将大曲别针插入卷片轴，旋转卷片轴一圈半，准备好拍摄你的第一张照片。

选择其中你想使用的片框插入相机前面的插槽中。

使用曝光表决定你的曝光时间，然后拉开旁边的快门标签，开始曝光拍摄。

滑动快门标签到相机中关闭快门结束曝光，然后顺时针旋转卷片钮3/4圈至下一张。

# 使用你的纸相机

制作自己的纸相机有着巨大的乐趣，但它仅仅是你探索针孔摄影的开始。制作一部漂亮的纸相机为了什么？难道不应该出去拍一些和纸相机一样不同寻常的照片吗？

然而，针孔相机不同于普通照相机(不论是小型相机还是单镜头反光相机，也不论是数码相机还是胶片相机)，针孔相机有它自己独特的影像品质，这意味着景物也许不是准确的拍摄还原，它绝对不是轻松按下快门就能得到一张完美无瑕的照片！

其中重要的原因不是纸做的相机“太简易”，而是因为使用了针孔镜头的缘故，这些纸相机没有电子元件，这意味着拍摄中很多决定要由“你”作出，而不是相机自动为你提供。

所以，针孔摄影也许不是“轻点和按下”的过程，它的关键在于——所有环节都需要你来判断和控制；重要的不仅是如何拍摄，而且包括如何让照片有趣，还有怎样实现这些目标！这些都有赖于你制作的针孔镜头，你拍出的这些照片将会具有与众不同的独特感觉！

接下来，本书将带你从使用新鲜出炉的相机开始逐步学习，从选择胶片和如何使用，到判断曝光拍摄，还包括一些不错的拍摄方案来帮助你展开摄影之旅。

# 彩色摄影

本书指导你制作出的纸相机都可以使用标准的35mm胶片，这种规格的胶片最早源于电影胶片，在数码摄影出现之前是普遍使用的通用胶片规格，用于小型相机和单镜头反光相机。约50年来它是主要胶片格式，尽管“数字图像革命”已经到来，35mm胶片今天依然应用广泛，无论是专业摄影商店还是街角的小卖部却都有售，现在还有许多地方可以为你加工处理35mm胶片并且印放出照片。

**上图：**室内的灯光照明可以为你的针孔图片添加不寻常的颜色，比如荧光灯形成了阴冷的绿色。

35mm胶片的质量十分优秀，甚至可以和许多数码相机的画面质量匹敌。你处理过这些胶片后(或者印放出照片)就会发现画面如此的不同，你一定会想把这些底片、照片扫描进计算机，通过电子邮件发送给朋友们，或者上传到网络空间里，亦或把这些照片添加到视频编辑中。我们将在后面的章节讨论这些。

### 胶片类型

普通的35mm彩色胶片都是负片（建议针孔相机使用这种胶片），这是为印放照片而设计的，不是用于直接观看的。从“负片”这个称谓可以看出，景物的彩色影像在胶片上相对于原始色彩是相反的，因此像树和草地这样的绿色区域在胶片上呈现的是红色系。这个没关系，因为这个图像是被扭转留存在胶片上的，当使用底片在相纸上印放照片时就可以恢复成景物原始的色彩。

彩色负片不是唯一的选择， 35mm胶片还包括反转片(亦称正片)和彩色灯光型负片。各类型间的差异在哪里，哪一种适合针孔纸相机使用将在52页详细说明。

### 胶片感光度

35mm彩色胶片除去有不同的类型，还有不同的“速度”，基本上是速度越快的对光越敏感。胶片的感光能力

**上图：**针孔纸相机使用ISO 200的负片给最理想。

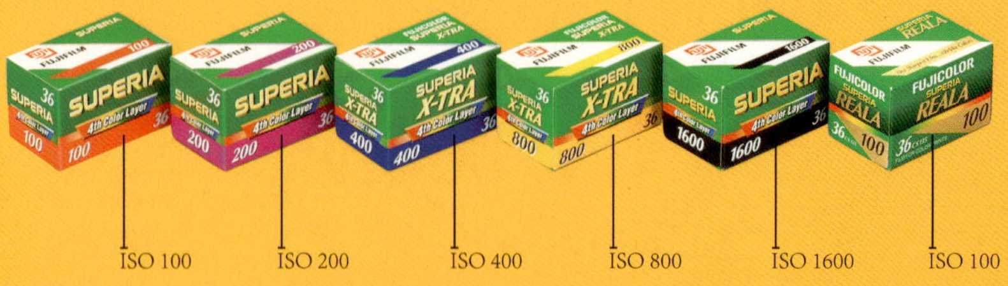


**上图：**负片的感光度有几种，感光度影响拍摄的曝光时间。

**上图：**不建议直接对着太阳拍摄，但是值得注意的是，光线直接照射小针孔可能形成五颜六色的光晕效果。

**左图：**我把纸相机绑在我的购物车上并且推着他在商店里四处溜达，商店里暖色调的钨丝灯带给照片橙色风格。

以ISO或ASA标定(两种标定是相同的，如果你使用数码相机，也许已经注意到它也有ISO设置)。ISO编号高的就是“快速”胶片，当然对光也更敏感。

彩色胶片感光度最低值到ISO100。这种胶片“颗粒细腻”，适合拍摄有高清晰度要求的照片，这种胶片细节丰富。由于这种胶片是“慢速的”，胶片需要更多的光，这意味着要用更长的曝光时间。因为你的纸相机使用一个极小的针孔拍摄，使用慢速胶片意味着曝光时间可能要几分钟甚至几小时，任何移动的东西都将变成虚影。如果想要避免这样的情况出现，你恐怕不能使用最慢速的胶片，但是，如果你想要创造一些表现动感的梦幻效果和抽象感觉，则可以使用它，前提是这些效果确实值得你去实验。

在速度标尺的另一端是“快速”胶片，任何高于ISO800的胶片都属于这一类。在你的纸相机中使用快速胶片意味着拍摄时的曝光时间会很短，如果你想要在照片上凝固运动的物体，快速胶片将为你提供一个好机会。然而，越快速的胶片“粒状”问题越严重，这意味着影像细节可能丢失。更重要的是，如果你的纸相机有些许漏光，虽然胶片在相机里面，而且快门关闭，但你仍然发现胶片的某些部分被曝光了。这是因为高感光度胶片不能承受光的长时间或强烈照射，问题相机一点点轻微的“漏光”都可能影响到胶片。

在慢速和快速的胶片之间是中速胶片（ISO200或ISO400这些是供纸相机使用的最佳选择。最常见的感光度是ISO200，你能在大多数商店里买到它。

使用ISO200感光度的胶片，你能得到最优质量的照片，并且曝光时间也在合适的范围。只要你的纸相机设置得当，不把它留在阳光曝晒的地方，细小的漏光也将是无足轻重的问题，你将会拍到不错的照片！

**控制负片的后期处理**

印放针孔摄影的负片是后期处理工作中相当有意思的部分，但是，切记要告诉柜台后的印放操作员你是使用针孔照相机拍摄的，并且要求他们不要剪断整条胶片。这是因为针孔纸相机的拍摄并非像科学仪器般精密准确，有时会有画面重叠交错等看似不正常的情况出现。但这并非都是坏事，有时两个画面重叠可能产生意想不到的新奇效果。当然也会出丑，比如画面边缘的人被“切”掉了半边！

就像负片的处理一样，你可能要耗费差不多一样的时间来关注照片的印放(有些地方不提供印放服务)。虽然这很重要，但是服务人员只为整卷负片提供一张试印照片。如果你家中有电脑和打印机，并且冲印店无法细致处理所有照片，你可以考虑不印放照片而是请求他们扫描胶片。这样，你将得到每张底片的数字文件，等你回到家，你可以在你需要的时候轻松的编辑和打印照片。

如果你有可扫描底片的扫描仪，何不尝试自己扫描、处理底片，然后打印呢？这样你可以按照自己的眼光全面控制照片的制作。

**对页图：**夕阳西下，天空渐渐变得幽蓝，威尼斯城著名的刚朵拉随波荡漾。

## 特殊类型的胶片

● **反转片：**亦称正片，反转片提供的是“正像”，所以，当胶片冲洗处理后影像看起来与实际景物无异。查看反转片比负片容易些，但是在拍摄曝光方面比负片要求更为严格。如果曝光过度或者不足（即使是小小的误差），照片就很容易失败。因此，大多数针孔摄影师不会使用反转片拍照，它实在是不适合纸针孔相机使用。

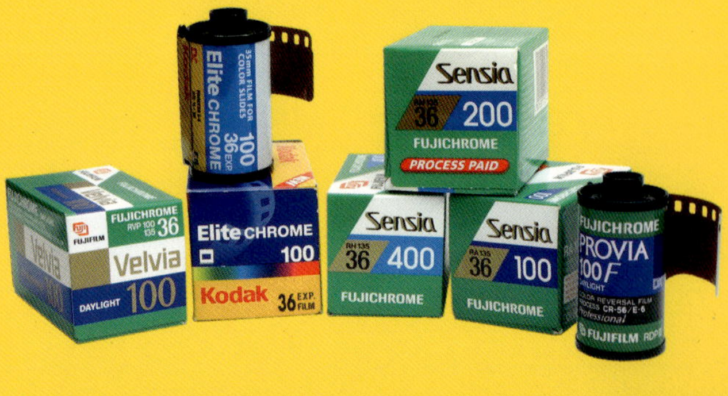


● **灯光型胶片：**同负片和反转片一样可以用于纸相机的拍摄，灯光型胶片被设计用于室内常规家庭光线环境中钨丝灯照明下的拍摄，可以避免这种光线环境导致的照片橙色偏色。但这不意味着你只能用于室内拍摄，如果把灯光型胶片用于日光照明的室外，你会得到偏蓝的冷色调影像，纸相机用这种胶片拍出的照片看起来很不错。灯光型胶片唯一的问题是比较难买到，尤其是灯光型彩色负片，如果你想用，就要经常到摄影商店去看看。

**左图：**反转片不适合纸相机使用。

**右图：**灯光型胶片设计用于钨丝灯照明的室内环境下拍摄使用。

# 黑白摄影

就像拍摄彩色照片，很多摄影师喜欢用黑白负片拍摄针孔照片。这种胶片用于针孔照相机真的很方便，因为它有较宽的“曝光宽容度”。即使你的照片曝光不足或者过度都没关系，胶片都会记录下足够多的影像细节。

尽管黑白胶片不像彩色胶片一样容易买到（可能需要从专业的摄影商店或者从网络上才能买到），但售卖的地方也不少，从低感光度的ISO 25胶片直到ISO 3200胶片都有，如果是刚接触黑白胶片，中速的ISO400是最适合的。

就像彩色胶片一样，所有这些不同速度的胶片都可以用于你的纸相机，低感光度胶片带给你影像细腻的照片（但需要更长的曝光时间），高感光度的胶片对光非常敏感，带给你具有颗粒感的照片，两种胶片都能形成浓重的气氛。如果你是自己冲洗黑白胶片，你可以再“增感”高感光度胶片，这样可以增加特写类照片的颗粒感（详见胶卷说明）。

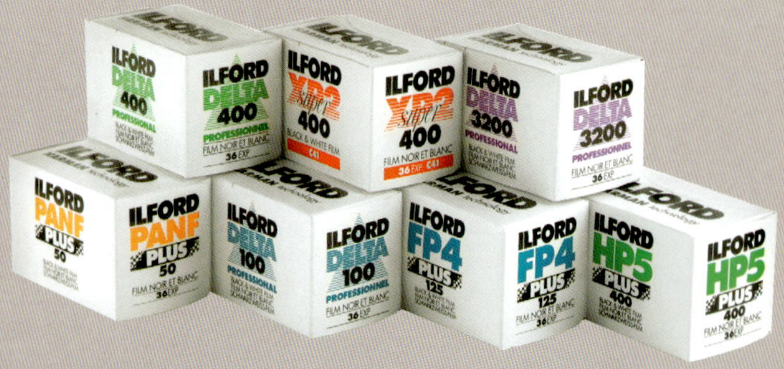


上图：黑白胶片仍然在生产，并且有各种各样的型号和感光度可供选择。

## 染料型黑白胶片

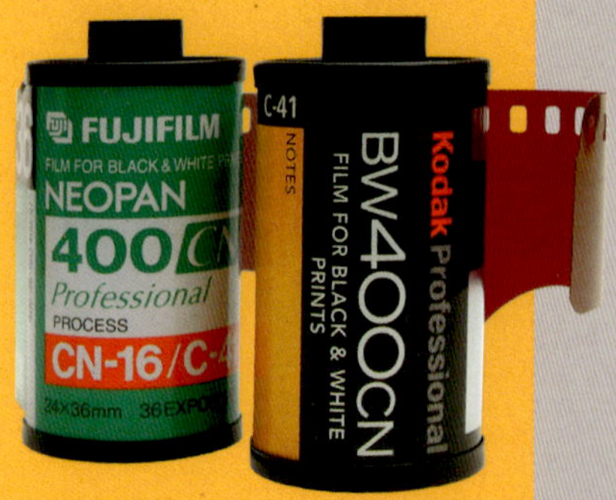


“染料”型胶片——例如富士Neopan400 CN、伊尔福XP2 Super，还有柯达BW400CN——都是特殊类型的黑白胶片，尽管这些胶片印放出的照片是黑白的，但它们与彩色负片采用同一种冲洗工艺。当你想拍出漂亮的黑白照片时，这些胶片为纸相机带来更多可用的选择，这些胶片就像彩色负片一样非常方便后期冲洗制作。

**上图：**使用高感光度胶片或增感你的胶片度都会缩短曝光时间，可以帮助你捕捉到稍纵即逝的瞬间。

## 胶片增感

胶片增感是一个聪明的办法，先“假设”黑白胶片的感光度高于厂商标定的数值，在拍摄时采用相对短的曝光时间，这不是改变胶片（这与数码相机改变感光度不同），你只是缩短了曝光时间。正常情况下，缩短曝光时间会导致你拍出的照片太暗，所以为了防止这样的情况出现就在冲洗时延长时间来弥补（也称之为“迫冲”）。

摄影师使用迫冲不仅是因为它可以缩短曝光时间，同时迫冲也能增强照片的颗粒感和反差层次，这些效果深受大家喜欢。

如果你准备自己冲洗胶片，增感胶片真正是值得考虑的事，因为不是所有的摄影冲印店都乐于为你迫冲胶片，而且你也许要为这项服务额外支付费用。如果增感后觉得颗粒感一般，你不妨使用更高感光度的胶片试试。

### 加工黑白胶片

到照相冲印店冲洗和印放（或者扫描）彩色胶片是很容易的，但是你会发现街头的一般商店没法冲洗黑白胶片，或者他们需要把黑白胶片送到其他地方冲洗，这样你就需要等上几天才能拿到底片。这稍微增加了冲洗和印放照片的成本，但是这不足以让你远离黑白摄影。

要知道黑白胶片有一个很大的优势：如果你有合适的设备，它非常容易在家冲洗。因此，如果你拍了照片，为什么不自己冲洗，真实的感受“制作”照片的乐趣。

胶片冲洗罐和其他零碎用品在拍卖网站可以用很少的钱买到。同时你也能找到指导你如何冲洗胶卷的网络链接。因此，即使你之前从未做过，你依然可以很快上手。

**上图：**威尼斯的这张黑白照片比51页的彩色照片看起来更旧些，而这种古旧的感觉是黑白照片的重要特色。

上图：红外胶片是特殊的胶片类型，它纪录“不可见”的红外光线，取得怪异的影像效果。

### 红外线黑白摄影

红外(IR)胶片看上去就像“标准”的黑白照片。一些针孔摄影师尝试用这种胶片拍摄出奇怪的感觉，得到了一些真正特别的照片。

照片看上去奇怪的原因是因为红外胶片感光的原理与我们的眼睛不同。实际上红外胶片对“不可见”的红外线最敏感。使用红外胶片，蓝天一般会变成黑色，像树和草这样的绿色植物则变得发白！

想拍到这些奇幻的照片，你需要使用特别滤镜，要适合装在针孔镜头前面或后面。更重要的是红外胶片需要在完全黑暗中处理，否则它会被肉眼不可见的红外线毁掉。但是，如果你乐于在漆黑屋子里装载和卸载照相机使用红外胶片，你就可能拍到一些惊人的照片——使用针孔相机更是如此。

右图：由于针孔相机制作成本很低，你可以尝试各种不同的拍摄——例如像水下摄影。用一个干净的塑料袋包裹住纸照相机放进水中拍摄，看看拍到了什么。

### 数字化的黑白摄影

如果你计划把底片或照片扫描进电脑，你要多想想是否使用黑白胶片拍摄。

没有理由不去选用黑白胶片，但是，如果你用彩色胶片拍摄，然后用图片编辑软件转换成黑白照片，你就拥有了两种选择，一种原始的彩色照片，一种数字化的黑白照片。

你也可以尝试实验软件的颗粒感滤镜，依据高感光度黑白胶片的画面质感为照片增加各种类型的效果。

上图：这张照片是我用黑白胶片拍摄的，所以照片里没有任何分散注意力的色彩成份。

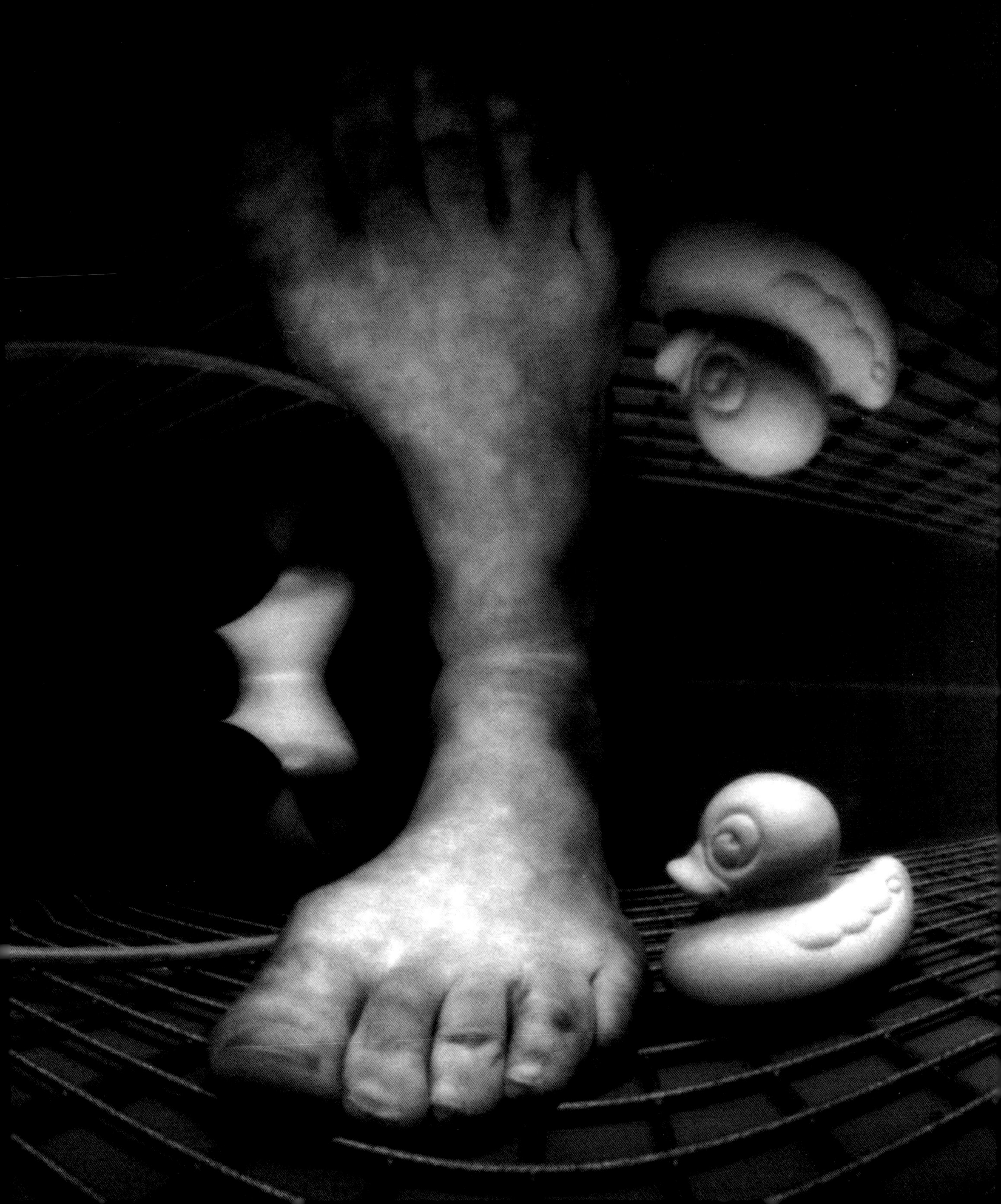

# 为相机装载胶片

做好了相机和镜头，就该装上胶片拿出去拍照了。不管你是用基本型Like-A还是其他更先进的型号，胶片装载方法都是一样的，第一步是制作卷片盒。

## 卷片盒

卷片盒是用来存储已经曝光拍摄完毕的胶片。如果你不介意浪费，制作卷片盒需要一个新胶卷。之所以“浪费”，是因为需要在光线下把胶片拉出来。

1

将前面的胶片剪断，只留最后约4英寸（10厘米）长的胶片，在胶卷暗盒外只留下一个很短的“尾巴”。

2

下一步，小心的切掉胶卷暗盒顶端的突出旋钮。这有点难，所以要小心！切掉旋钮是因为相机需要在一个水平面使用，这样先进的设计让Like-A可以妥帖地放进相机外壳中。

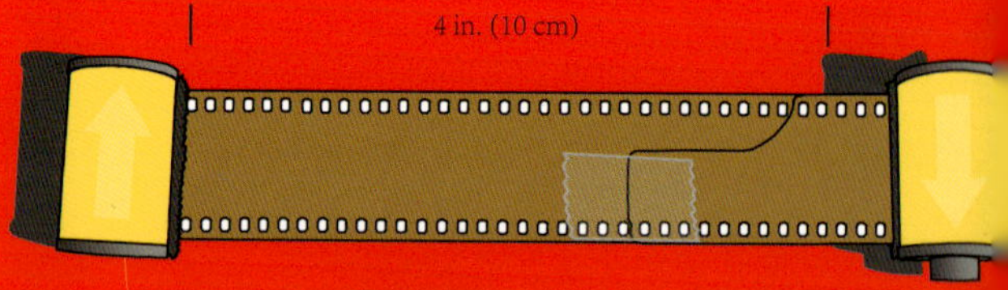


前视图

后视图

1

把新胶卷放在你的右手边，卷片盒顶部向下放在左手边。将两边的胶卷接在一起，如图所示。

胶片的浅色面（乳剂面）必须面对针孔镜头。

**2**

把胶片放进Like-A的后部盖板里，未曝光的胶片在右边（从相机背面看），卷片盒在左边。

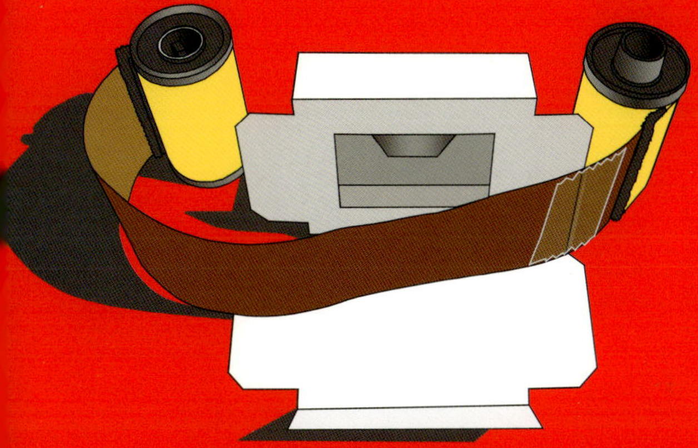

**3**

关闭相机背盖夹住胶片。将右边的护签塞进胶片暗盒的细缝里。注意不要将胶片拉出过多！

将卷片盒放在相机左边的护签旁，把胶片转进卷片盒直至护襟塞进卷片盒的细缝中。

**4**

如果你使用的是基本型Like-A，没有放进装饰壳内使用，你需要用胶带把相机背板的顶部和底部粘紧，以确保它能够完全地防止漏光。再用胶带将两边的暗盒与相机背板粘接牢固，保证暗盒在工作时不会脱落损毁胶片。

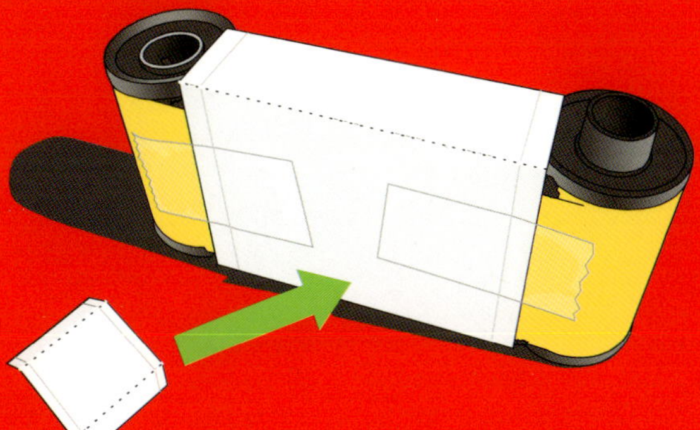

**5**

单独使用基本型Like-A时还需要一个快门。你可以使用卡纸和一些胶带制作一个简单的快门，用黑色马克笔把快门两边涂黑是一个好主意，使用方便，也能有效隔绝光线穿过纸卡。现在你的相机已经装载完毕，可以拍摄了！

# 曝　光

不管你用胶片相机、数码相机或者是任何一种针孔相机拍摄照片，最基本的问题都是影像的形成（即“曝光”），它涉及到了几个部分的配合。镜头的通光量；胶片或传感器接收光照的时间；胶片或传感器的感光度。即：光圈、快门速度和感光度。

### 感光度ISO 200的曝光时间

使用ISO 200胶片时的曝光时间如下：

| | |
|---|---|
| 明亮的晴天 | 2 秒 |
| 有云的晴天 | 4 秒 |
| 多云 | 10 秒 |
| 阴天 | 30 秒 |
| 室内（明亮的房间） | 5 分钟 |
| 室内（黑暗的房间） | 1 小时 |
| 夜晚 | 整晚 |

通过控制这三个部分，摄影师可以得到“正确”曝光，不会太暗（曝光不足）也不会太亮（曝光过度）的照片。现代数码（或胶片）相机的拍摄过程惊人的简单，只要切换相机模式到“自动”，按下快门按钮，相机会为你做好所有的复杂工作！

但是针孔摄影不是一个简单过程。你的纸相机没有内建先进的处理器来测量进入镜头光线的强弱；它没有可调整的光圈；快门速度完全取决于你“打开”针孔镜头的时间长短。事实上，针孔相机是如此“沉默寡言”，也让它别有一番韵味。而这些都是充满趣味的摄影手艺而非枯燥的摄影技术。

针孔摄影的独特性决定了全世界的针孔摄影者都对曝光时间十分担心，而影响曝光的正是针孔的尺寸，解决曝光问题最简单的方法就是不用管它！

#### 顺畅的针孔曝光

当你使用针孔相机拍照时，计算出胶片的曝光时间并不容易，但它也不是复杂的科学计算，有很多条件可以帮助取得正确的曝光时间。首先，针孔相机的光圈不会改变，因为你的镜头不过是一块有小孔的金属片，它的直径

**上图：**长时间曝光是记录运动的最佳方法。通过针孔镜头的长时间曝光让风车的缓慢移动变为模糊。

约为0.2毫米，这是其中的一个要素，且固定不变，所以不必担心它。

第二，如果你想要让事情更简单，就使用ISO200感光度的负片。正如我们前面讲到的，负片（彩色或黑白）的曝光宽容度较宽，这意味着你的曝光差不多"准确"就可以拍到照片。

现在，与拍摄相关的光圈和感光度已经是"确定"的，只剩下一个控制曝光的变量就是快门速度，最后只有一个问题：多少快门速度是准确的曝光呢？

答案是："你猜"。

这听起来像一个没用的答案，但只有一件事会影响你的快门速度：你拍摄场景的亮度，可以归结为现场光源的亮度或光在场景中被反射的程度。

为了使问题的答案变得更简单，所附的表格将告诉你各种光线下如何选用曝光时间。它只是一个指南，前提是你的光圈直径尺寸是大致正确的，并且你正在使用的是感光度ISO200胶片。以上这些就是你开始使用针孔纸相机时所需要了解的一切，就这么简单！

## 当曝光失误时

如果你曝光时间太长，那么你的照片将会太亮。这里，曝光过度的结果是天空变成青绿色，应该是"黑色"的部分变成了暗红色，还有整体反差变小了。

曝光不足的照片会变黑，因为胶片没有接收到足够的光照。在黑暗区域的细节将完全消失，而且不可能挽回。

正确的曝光从黑暗到光亮的色调范围齐全。这意味着你的色调是原始场景的真实还原。

曝光过度

曝光不足

右图：一个准确的曝光让影像的亮部和暗部都有良好的细节。

# 曝光进阶

虽然决定纸相机的曝光很容易，但是在你尝试使用不同感光度的胶片时，事情变得有点麻烦了。如果胶片的感光度数值变化了，再遵循“如果是晴天，2秒曝光”的准则就不很合适了。或者更确切地说，它基本适用，如果做细微的调整，它可以更好地配合新感光度胶片。

### 低感光度胶片

尽管建议纸相机使用ISO200胶片，但是不代表不能使用更低感光度的胶片，只需要延长曝光时间即可。幸运的是有一个非常简单的方法来找出你需要的曝光时间，降低失误风险。即：每当ISO数值减半，曝光时间就增加一倍。所以，如果你想使用ISO100胶片代替ISO200的，你只需将之前的曝光时间翻倍；将之前的规律更改，如：明亮的阳光下曝光2秒改为4秒，阴天曝光10秒就变成了20秒。如果你用的胶片是更低的ISO50，你就需要两次加倍曝光，所以在明亮的阳光下你就需要8秒的曝光时间，阴天的曝光时间就变成了40秒。但是，你还必须再增加一点的时间来应对倒易率失效的问题，这似乎让事情变得更复杂了……

### 高感光度胶片

你同样可以使用更高感光度的胶片，可以减少曝光时间或增加照片的颗粒感。在这种情况下，你的曝光计算对比低感光度胶片正好相反，ISO数值增加一倍，曝光时间减半。因此，如果你使用的ISO400胶片，你就可以比照前一页所有的曝光时间削减一半（这样，在明亮的阳光下曝光时间为1秒，在阴天里曝光时间是5秒，等等）。提高感光度为ISO800，你可以再将时间减半（晴天阳光下1/2秒，等等）。

### 倒易率失效

正常的规则是ISO值减少一半，曝光时间增加一倍，很简单，但当时间超出10秒后，情况发生变化，被称为“倒易率失效”的问题出现了。因为曝光时间很长，胶片开始变得对光敏感度降低。解决的方案是使用更长的曝光时间，但这不是一门精确的科学，超过多少时间需要增加曝光，增加多少曝光，要由你费点心思来决定。如果你想了解科学的准确的数据你可以浏览胶片厂商的网站，或者使用对页的表格作为指导！

**上图：**这种极端的针孔摄影照片是通过彩色相纸（不是胶片）用了几个月时间拍摄的，天空中的亮线实际上是太阳。

## 不同感光度胶片的曝光时间

下表给出了不同感光度胶片粗略的曝光时间，同时考虑到倒易率失效问题。这些数据并不意味着保证每一种胶片都能准确曝光，所以需要你不断的实践，这也是所有针孔摄影的乐趣所在！请记住，如果曝光超过1分钟时间，额外的几秒钟不可能对照片有太大的影响，更多的增加曝光要好于少增加曝光。

| 胶片感光度 (ISO) | 50 | 100 | 200 | 400 | 800 | 1600 |
|---|---|---|---|---|---|---|
| 明亮的晴天 | 10 秒 | 4 秒 | 2 秒 | 1 秒 | * | * |
| 有云的晴天 | 30 秒 | 10 秒 | 4 秒 | 2 秒 | 1 秒 | * |
| 多云 | 90 秒 | 30 秒 | 10 秒 | 4 秒 | 2 秒 | 1 秒 |
| 阴天 | 5 分钟 | 90 秒 | 30 秒 | 10 秒 | 4 秒 | 2 秒 |
| 室内（明亮的房间） | 1 分钟 | 20 分钟 | 5 分钟 | 90 秒 | 30 秒 | 10 秒 |
| 室内（黑暗的房间） | 10 小时 | 3 小时 | 1 小时 | 20 分钟 | 5 分钟 | 90 秒 |
| 夜晚 | 整晚 | | | | | |

*不建议使用过短的曝光

上图：室内曝光可以持续几个小时，这取决于室内的灯光。

上图：室外，使用快速胶片和良好的光线，曝光时间可以很短，即使是快步行进的鸡也被拍了下来！

# 你的第一张照片

使用针孔相机比使用普通照相机显得非常不同，因为你不需要使用任何电子系统。不仅如此，针孔纸相机甚至没有取景器或快门按钮！但拍照依然是直截了当的，实际上没有任何事情让你从拍照的愉快体验中分心。

1

**相机的取景**

取景这个问题对于你的相机来说并不像听起来那么容易，因为你的相机没有可以让你看到景物的取景器或液晶预览屏。实际上用针孔纸相机大约瞄准方向并且拍好照片并非易事。

但是随着时间的推移，你会逐渐习惯于你照相机的工作模式，在你看到最终影像前，你应该观察相机对准的那些景物会被针孔镜头记录下来。

2

**决定曝光时间**

曝光时间的指导建议在前页查找，并且随书光盘中也有电子版，你可以打印出来，用于拍摄时备查。

为了实现长时间曝光，你需要保持相机静止不动，把相机靠紧在一个静止的面上，如墙壁或者地面。甚至可以把相机粘在树或篱笆上保持其稳定。

3

**快门开合**

如果你使用基本型相机Like-A，你需要打开挡板露出针孔镜头曝光，待其完毕后再遮住镜头。其它型号的相机则有一个相对复杂的快门机构，你可以翻转或滑动快门挡板来实现曝光。

4

**开始曝光**

依照正确的曝光时间打开快门。如果是长时间的曝光（通常几秒或更多），你不需要十分的精确，多一点少一点差别不大。如果是较短的曝光时间，要尽量把握准确，这样能避免拍出来的照片太亮或太暗。在曝光结束后，关闭快门。

5

**过片**

使用大号曲别针插入卷片盒片轴的孔中，旋转胶片到下一幅，大约顺时针转动曲别针3/4～l圈。

现在可以回到第1步拍下一张了！

## 回卷胶片

虽然你的纸相机没有计数器告诉你已经拍了多少张，但是可以告诉你胶片的结尾到了，因为你无法再转动片轴了。发生这种情况时，你需要将拍完的胶片回卷到原来的片卷盒里，用曲别针插入原来胶盒顶部的孔中逆时针旋转。你会发现一些相机的设计回片更方便些，因为不需要将Like-A从壳体中拿出。

你应该在没有阳光直射的，光线柔和的地方回卷胶片，一直转动回形针到无法再转，这表明你胶片回卷完毕。

胶片回卷完毕后，你可以打开机身两边的胶带从相机上取下拍完的胶卷和卷片盒。卷片盒是可以再次使用的，拍完的胶卷可以送去冲扩店冲洗了。

# 风景摄影

风光摄影开始于19世纪，那时正是世界变得开放，旅行和探险盛行的时候。摄影在那个时期有了长足的进步，摄影发明之初的干版最终被胶片取代，这意味着摄影师不再需要于拍照前往干版上涂布感光乳剂，拍摄完毕的干版也不需要立即进行显影处理。胶片的出现使摄影的整个过程变得十分轻松，从那时起，“以镜头为基础的摄影”同“风景的捕捉”牵手在一起了。

**上图：**从地面拍摄让你可以“虫眼”看世界，不妨试试！

当使用针孔相机拍摄风景，我们需要超越传统的拍摄技巧。虽然针孔相机很容易模仿光学镜头相机一样拍摄，但是针孔镜头的相机有着巨大的潜力，它能够创造独一无二的风景画面。

首先，本书中的针孔相机都有一个很宽广的视角。你相机前方在水平方向可以“看”75度左右，如果我们用眼睛看，人类的清晰视野只有大约40度左右。

那么，为什么针孔相机如此特殊？原因是当你使用这样的短焦距，不仅可以使更多景物进入画面，而且可以让相机和被摄景物更贴近，但拍出的照片景物间的距离感却增加了，虽然它们之间的距离并没有真正增加！有了广角针孔相机，意味着你可以有效地强化景物间的距离感和照片的空间感。如果从一个低角度拍摄，可以为你的风景照片添加更多的戏剧化效果。我们看到的大部分照片都在约5－6英尺（1.5－1.8米）的高度拍摄（这是大多数人的“视线高度”），因为我们已经习惯从这个高度看世界。一旦强烈改变这一习惯高度来拍照，就可能创造更有趣的形象，所以不妨尝试紧贴地面拍摄风景照片，如同“虫眼”那样看世界。或者干脆把相机背靠地面镜头向天，天知道拍出的照片什么样，但不尝试哪来的惊喜！

下图：纸相机的广角镜头和极大景深，使它在另类视角的创意拍摄中表现完美。

底图：广角的针孔镜头夸张了透视感，结合低视角，给你人在画中的感觉。

## 运动和模糊

用针孔相机记录运动景物真的非常适合，因为它们需要很长的曝光时间，几秒钟的曝光时间就能够让波动的大海“平静”，记录下微风抚柳的过程。风景摄影师拥有敏锐的感知和捕获能力，你的相机可以让你很容易地捕捉那些运动的景物，从江河的波浪、随风舞动的树枝、飘动的云彩到人造的移动物，如汽车、船只和火车。

为了确保只有移动景物模糊，你的相机在曝光时必须保持稳定。例如在街道上拍摄，可以把相机靠在墙壁上，或者用胶带粘到篱笆杆上来保证其完全不动，这样就能记录下所有运动的物体。城市的景观很美，为什么不在晚上出去试着拍拍车灯的轨迹，可能比车停在那里拍更有意思，还呆在办公楼或公寓楼里做什么呢?

要想照片焦点清晰，大多数情况下需要保持相机稳定，但是不要害怕脱离三脚架，完全可以将其附加到一些移动物体上，比如说自行车、汽车或电梯上。当然，最后的照片上没什么清晰的景物，但是未必一无所获，针孔摄影就是关于时间的探险。移动相机将景物的色彩混合在一起，创造出抽象的形状和图案。这些方法是现代自动相机都难以实现的，但是对于针孔相机而言这是自然而然的!

# 肖像摄影

在摄影发明之初，拍摄肖像照片需要几分钟长的曝光时间，这是无法想像的。为了得到一张清晰的肖像照片，防止被拍照的人中途乱动，必须用装置把被摄者固定在一个位置，看上去和牙医的椅子没什么不同。而且拍到的照片在19世纪末的人们看来，显得太过呆板和不自然，似乎每个拍照的人都疯狂瞪着眼睛，因为他们需要尽量睁开双目，不能频繁地眨眼。

## 使用闪光灯

关于闪光灯的更多细节在本书70－71页介绍。在这里提到它，是因为它可以在人像拍摄时大大减少曝光时间，将运动的景物凝固下来。使用闪光测试按钮，握着闪光灯远离相机，对着主体按下按钮，开始闪光和曝光。简短的闪光可以“凝固”被摄者，也能够保证背景的光亮度正常。

如果不是因为对针孔摄影的挚爱，针孔摄影的长时间曝光很容易让人回想起旧日的人像拍摄，所以肖像摄影对针孔摄影师来说是最不适合的题材之一。然而，针孔摄影也有其优势。我们都想在照片上显得更漂亮，拍照时摆姿势即是为此。但针孔摄影师应该花费些时间尝试去消除那些装扮姿态带来的假象，形成更加真实的表现。实际上，如果被摄者用手支住头部或把头靠在墙上，在曝光过程中保持几秒钟的静止是相当容易的。也可以尝试用更高感光度的胶片来减少曝光时间，并且粗颗粒效果一般很有吸引力，如果被摄景物有任何运动，也可能为照片增加时间上稍纵即逝的感觉。

针孔摄影也可以产生一些十分坦诚真切的照片。许多年来，如果有人举起照相机到眼前看取景器，周围的人就会认为他可能要拍摄照片而改变神情姿态，结果是摄影者的人物照片大多是具有自我意识的肖像。最近，这种情况稍有改变，摄影者可以大约一臂远的距离端着相机（或手机），眼睛盯着数字取景屏拍照。状况只是略微改善，但仍不能改变最后影像的结果，难以拍到真切、自然的人物照片。而针孔相机则没有这样的问题，可以把它放置在完全不引人注目的地方。事实上，只需离开相机几秒钟，其他的人就不会认为你要拍照。只要被摄对象不是剧烈运动，你就可以拍到一些非常不错的照片，人们好像被凝结在一个运动的瞬间。

利用针孔广角镜头近距离影像清晰的优势来拍摄。

**左图：**长时间曝光已经让货架上随风飘动的气球的变成了彩色的万花筒。

## 摄影幽灵

用自制的针孔纸相机不会让你真的拍到幽灵的照片，但长时间曝光是把被摄人物变得像幽灵一样的最好方法。

这个技巧术很容易亲身体验，最好办法是使用慢速胶片来保持长时间曝光。把相机设置在你的主体前面，打开快门开始拍摄，这是前半部分的曝光。让你的主体离开现场继续后半部分的曝光，如果他们离开得够快，他们移动的虚影不会被拍下，而人物所在的场景将继续曝光，被人物遮挡的景物也会呈现出来。

结果应该是类似旁边的这张照片，这一主题是变化无穷的。例如，被摄人物不是离开场景而是移动到画面的另一边，看看是不是拍到了幽灵般的“双胞胎”照片！

# 静物和微距摄影

静物摄影是摄影题材中历史最为久远的一种，最早可溯至感光材料发展的初期。使用低效能感光乳剂的早期摄影师在拍摄曝光时要有一些风险，如果曝光当中主体移动了（或主体离开）结果拍到的照片将是模糊的。但是，如果被摄主体是无生命的，例如一片枯叶或花园钉耙就没问题。于是，摄影师们更愿意拍摄那些自己喜欢的可以长时间曝光的景物，因为这样往往能拍到清楚的照片。

**下图：**下面两张有趣的照片可以用你的纸相机拍到。静物摄影不仅可以在意大利面里拍摄水果鸭，拍摄你早餐麦片里的怪兽更有趣！

从喜欢长时间曝光这点很容易看出那些早期开拓者和今天时髦的针孔摄影人之间有相似之处，所以，以静物作为针孔摄影师的重点主题是自然而然的。但不仅如此，用纸相机以针孔镜头的工作方式拍摄不动的静物让人兴奋，尤其是当它涉及到近摄更让人兴奋。

对于业余摄影师来说，相机距离主体在40英寸（1米）之内就是“出界了”，相机很难聚焦清晰。原因很简单，因为这样的镜头必须配合一些额外的附件才能对较近的物体聚焦。这一直是个棘手的问题，在非常近的距离聚焦主体同时保证背景清楚很难实现。

镜头对准主体聚焦后，主体之前和之后一段距离中的景物在照片上也可以形成清晰的影像，这段从前点到后点的距离被称为“景深”。影响景深的要素有镜头焦距、物距、光圈。主体越接近相机，或者使用大开孔的光圈，那么景深就会较小，画面中看着清晰的部分就很少。即使到了今天，让主体尽量靠近相机而远离背景的这种拍摄技巧也时常被运用，这会让主体外的景物尽量虚化。针孔摄影师在这方面则没有什么限制，因为镜头的超级小孔带来的几乎是无限的景深，从镜头前几英寸的景物到许多英里以外的背景都可以聚焦清晰。

**顶图：**“下楼梯”——你需要的只是玩具房子、你的脚趾和纸相机！

**左图：**针孔相机让你可以非常接近静物主体，并且仍然使它保持清晰。

# 使用闪光灯

上图："牙膏和玉米"一个不太可能的组合!

很少有针孔相机借助电子闪光灯配合拍摄。因为传统的设计中，针孔到胶片的距离相对较长，所以闪光灯不能用于常规的针孔摄影。本书中的针孔相机在设计上则不同，针孔与胶片的距离非常近，因此可以配合使用大多数的闪光灯，让闪光灯成为针孔摄影的一个有力工具。

用于针孔摄影最好的闪光灯可能是那种插在单反相机顶部的款式，一般是插在相机的热靴上使用。如果你没有，也不要担心，因为我们不谈论顶级型号的闪光灯，那些闪光灯是用于特殊的相机系统。我们需要的是不需要连接到相机触发的闪光灯，二手市场上像这样的闪光灯有成百上千，而且价格低廉。如果你想买一个用于针孔摄影，注意一下"闪光指数"，这是闪光灯输出功率的标示，在24和32之间比较合适

## 闪光亮度的消减

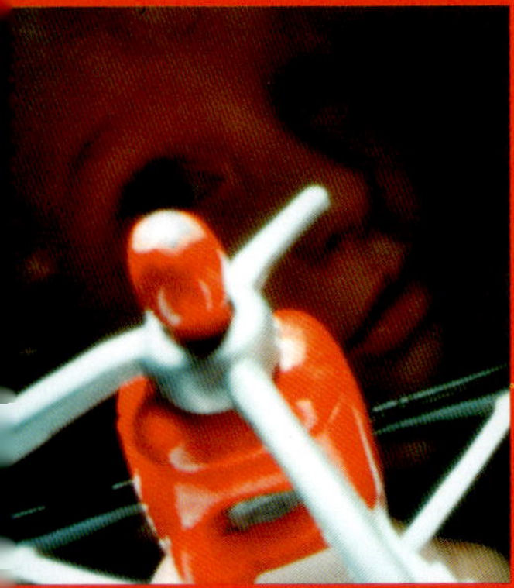

由于闪光产生的光很短促，因此摆置你的主体时要十分小心。在这里，模型飞机太接近闪光灯了，闪光灯照射后造成曝光过度，而后面的人影因为太远结果曝光不足。

用正常的光学镜头拍摄，你可以使用闪光灯最远照亮距离15英尺（4.5米）的主体，但使用一个极小孔的针孔镜头拍摄，闪光灯最远只能照亮距离12英寸（30厘米）的主体。这似乎是限制了针孔相机的使用，但是当你分析闪光灯和针孔相机的工作特点后会发现，针孔的长时间曝光让你无法手持拍摄。而闪光灯的一次短促闪光就能够让手持相机的抖动问题被忽略，一个新的视觉形象即将诞生。

### 使用闪光灯拍摄

使用闪光灯配合你的针孔纸相机拍摄靠近相机的主体，而不是在通常的"合适的距离"拍摄，你需要确保闪光灯设置为它的最大功率输出，你可以打开"手动"模式调整输出功率，如果没有手动选项，你可以用一小片黑色胶带粘住闪光灯前部的照度传感器。

闪光灯的指向角度是至关重要的，你需要照亮主体并且不能让闪光灯照到针孔镜头。试着保持闪光灯在略高于相机的上面或侧面，并确保它指向主体。

理想情况下，闪光灯到主体的距离和照相机到主体的

距离都应该在12英寸（30厘米），为达到最佳效果，建议使用负片（彩色或黑白），它们具有较大的曝光宽容度，即使拍摄时严重的曝光过度或曝光不足也能够留存可用的影像。

**拍摄闪光照片**：打开相机上的快门，触发闪光灯，然后关闭快门。闪光实际上只在“砰”的一瞬间完成曝光工作，因此要打开快门多长时间没有多大关系。唯一重要的曝光时间问题是，如果你要让背景曝光良好，就要依据背景正常的曝光要求“修正”总的曝光时间。

## 使用闪光的优势

●**为室内摄影补光**：使用闪光灯辅助针孔相机在室内拍照是一个好方法。房子周围的景物或设计图案可以很容易地用闪光灯配合拍摄，充分利用针孔相机独特的“虫眼般的观看”形成特写照片。

●**减少相机抖动的影响**：短促的闪光允许你手持相机拍摄，不用借助固定物体来保持稳定。

●**捕捉运动**：除了减少相机抖动的影响，闪光灯也可以把溅起的水花、爬行的昆虫凝固在照片上，当然也可以用来拍摄人物肖像。

●**增加对比度**：闪光灯将增加照片的对比度，这有助于使图像看起来更清晰。

●**弱化背景**：从闪光灯射出的光不会照射很远（或相机不会记录远距离的光），照片的背景将变成黑色，衬托并区别于明亮的主体。

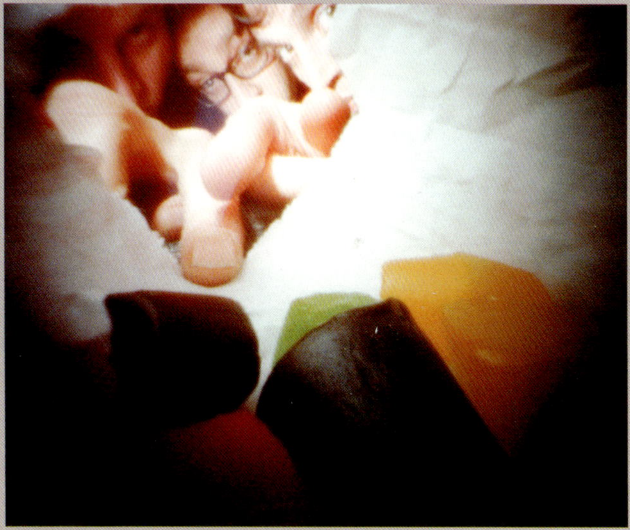

**上图**：“闪光加模糊”是非常好的技巧，闪光灯凝固主体并使它清晰，但长时间曝光又增加了模糊，就像这张树叶的照片。

**中图、左图**：“窥望”。纸针孔相机可以放在一些东西的里面向外拍，比如说从糖果袋里，或从台球桌的球袋里。闪光灯为照片增添了神秘感。

# 拍摄方案

有成千上万的景物适合拍照片，之前讲到的自然风光、肖像、静物以及近摄领域仅仅是个开始。针孔相机看到的世界与你看到的不同，所以要用它所有的特点去拍照。用它极为宽广的视角和巨大的景深，还能夸张或扭曲物体的距离和比例，或者使用超慢快门速度去记录日常生活中的运动。以下拍摄方案将给予你一些启发，帮助你开始拍摄一些超越常规的针孔照片。

## 方案1：汽车风挡喷头

这是一个帮助你开始的简单案例，使用一个固定的主体，并且主体非常接近相机（这个案例中是汽车上的风挡喷头）。在晚上，可以尝试将这个方案与第74页的夜间光的轨迹方案结合使用。

要拍摄这样的照片，首先找一辆顺着阳光行驶的汽车，这是为了避免阳光直射到针孔镜头。在引擎盖上放置相机，距离喷水嘴约1英寸（2.5厘米），然后打开快门。经过适当时间的曝光，关闭快门结束拍摄。

**右图：**结合了挡风玻璃喷嘴形象和夜间的灯光轨迹形象，让照片具有了离奇的效果。

## 方案2：自拍像

还在盯着一些东西拍照？为什么不像早期的摄影师那样调转相机把镜头对准你自己呢？传统上有两种简单的方法：或者用镜子（或其他可以反光的东西）拍自己，或者伸出手臂拿着相机对准自己拍摄。因为针孔相机有着令人难以置信的景深，所以你可以在非常近的距离上拍一些“极致”的自拍像。

**上图：**在曝光过程中移动你的头会拍到你的“双面”肖像。

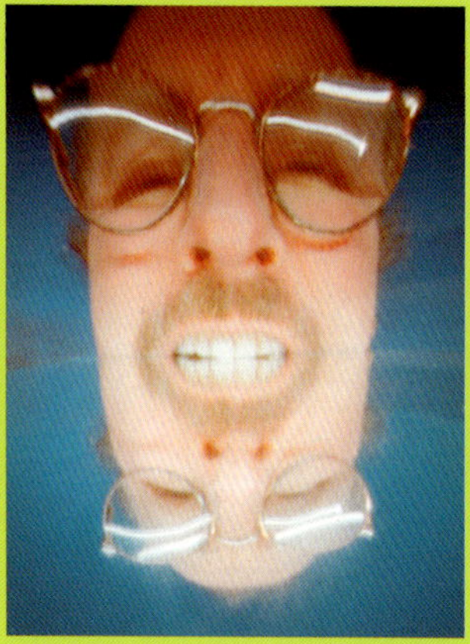

**上图：**这张照片用到了一面镜子，但绝对不是普通的方式！我拿一面镜子，把相机固定在镜子的一端，镜头向着另一端。然后我把镜子放在一个平面上，“咬着”相机对着的那一端（一定要小心！）拍摄。改变你脸的位置将会有不同样子的照片。

**左图：**当我拍这张照片时，我的手几乎碰到相机了（为了打开和关闭快门方便）！极端的透视感源于相机异常宽广的视角，而针孔镜头巨大的景深让所有景物都清晰。

## 方案3：夜晚光迹

这个方案需要在夜间长时间曝光，并且把相机固定在移动的物体上。主图照片是由安装在自行车上的相机拍摄的。在照片底部，你可以看到自行车灯，并且很清楚，而照片上部急流一样的光线是我在街道上骑行时路灯留下的。

你可以在类似自行车的任何移动物体上固定相机拍摄，例如汽车、滑板，甚至你的鞋子都可以。一般使用胶带、线绳或橡皮筋来固定相机。如果你真的想确保它不脱落，你甚至可以用胶把它粘在那个地方，这大概会毁了你的相机，但再做一个就是了！

一旦把你的相机固定好了就打开快门。夜间的曝光时间约为30分钟到1小时之间，这样才能形成光的轨迹，所以不要担心胶片会过度曝光。

开始移动吧！不管你只是在街道上骑行还是骑行到城郊都没关系，要想取得看上去很酷的光迹，你只需要让你的相机在不断的运动中就行。当你到达目的地，关闭快门然后将相机取下或者干脆卷到下一张开始回程的拍摄。

**上图、左图：**光的轨迹形成奇妙的视觉元素，对比画面里的一些清晰景物使照片的运动感增强了。

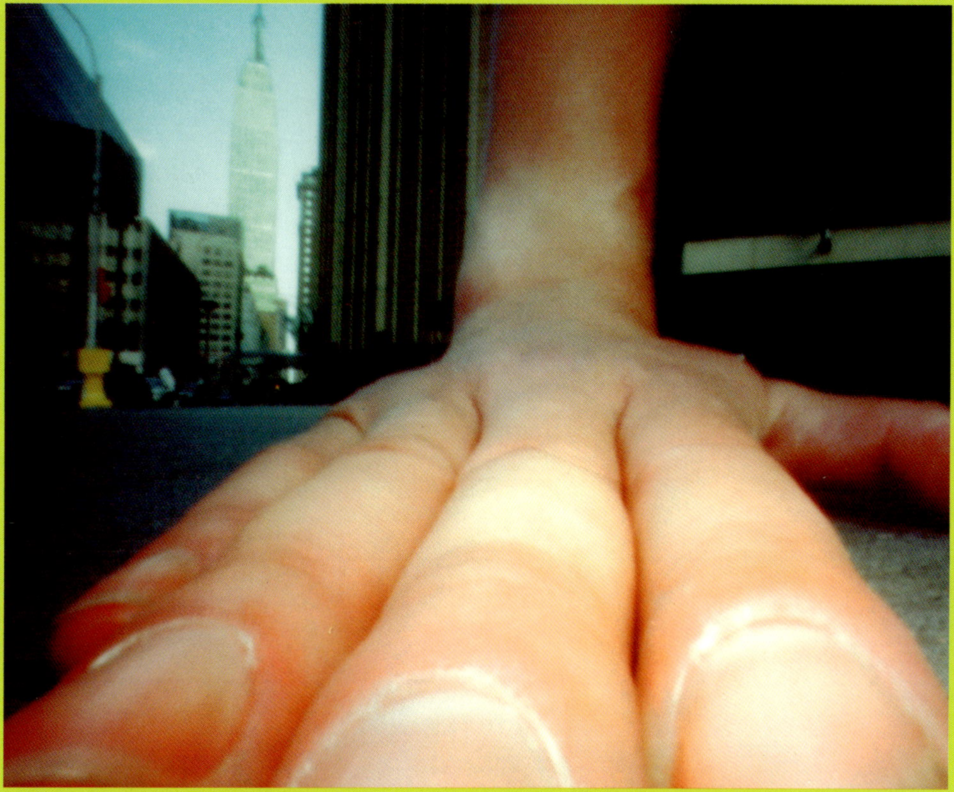

上图：以“虫子的视角”看到的帝国大厦和前景中我的手。

上图：“牙膏战争”。去野外拍摄你的针孔照片，所有的过程都是尝试和创造，没有规则！

下图：没有任何马达或嘈杂的快门声，你的针孔相机绝对适合用来“偷偷摸摸”的拍特写照片！

## 方案4：虫子的视角

既然针孔相机没有取景器或者背部液晶屏帮助取景，为什么还要在视线水平拍摄照片？何不把自己从正常的视觉世界中解脱出来，将照相机放到地面上试试！

不可思议的“虫眼”视角将会强化针孔相机的景深效果，镜头前的任何事物都是清楚的，千万不要把自己限定在平凡的景致中。兴奋起来，让你的想象力像脱缰的野马，让你的照片好像来自“外星球”。只要你做，你将从崭新的视角创造独一无二的影像，你将带给自己难得的视觉冒险。

# 数码针孔摄影

虽然本书讲解的重点是制作和使用装载35mm胶片的针孔纸相机，但我们不可能忽略数码影像的世界。从数码相机的液晶屏上你可以预览喜爱的照片，你可以在家里放大打印照片，把他们上传到网络上，或是通过邮件发送给朋友。你也可以进一步让针孔照片数字化，将针孔镜头装在单镜头反光式数码(或胶片）相机上拍摄。你甚至可以尝试针孔式摄远镜头的制作和拍摄。在本章，我们将提供几个适用的方案、制作流程和提示技巧，帮助你在数字时代玩转针孔摄影。

# 数码针孔摄影的修饰

如果你想要与朋友或家人分享用纸相机拍得的照片，你可以通过网络传输，也可以用打印机印放出照片邮寄，但实现这一切首先要做的是把照片变成数据存储进电脑。

如果你已经有扫描仪，你大概已经知道它怎么运作了。即使你没有扫描仪，你的针孔照片也可以被数字化，因为很多冲印店在冲洗胶片的同时也能扫描胶片且价格不高。这为你节省下一些时间，省去了自己扫描的麻烦，你可以直接控制照片的处理直到满意，下面就一步步为你说明。

## 制作针孔风格的“海报”

你可以使用任何一个图像编辑软件修饰针孔照片，不论是Adobe Photoshop，或者是Photoshop Elements、Corel Paint Shop Pro，还有其他各类图像编辑软件都可以。如果你的计算机里没有安装可用的图像编辑软件，为什么不试试Gimp？这个软件具有你需要的全部常用编辑功能，都是最好用的，你可以从www.gimp.org免费下载它！本书中我使用的是Photoshop，但是所有的工具都可以在上面提及的软件中找到对应的，也许功能是简化的，或者名称不同。

Before

1

### 曝光度和对比度

如果你的曝光出现误差，问题表现为照片太亮或是太暗。这可以使用色阶工具调整（图像>调整>色阶）。当你打开工具窗口，你可以看到一个像“直方图”一样的图表。图表下方有三个滑标，我们将移动滑标来调整曝光。

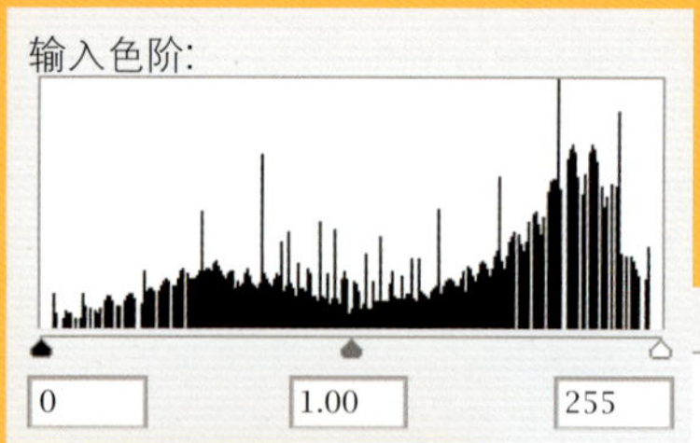


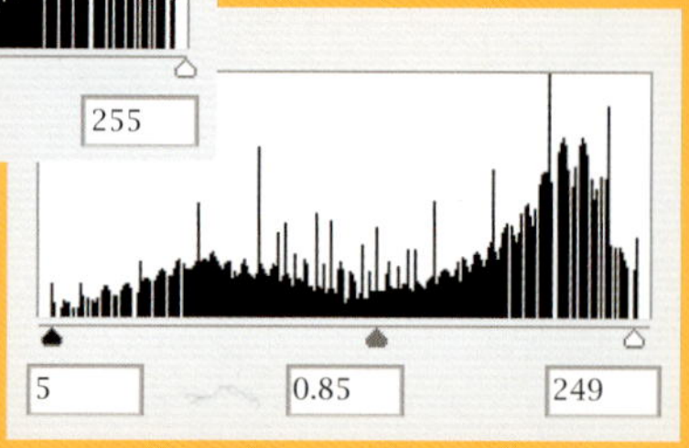


Ⅰ）首先，请稍微向右移动左边的(黑色)滑标，直到图表左端的开始点。这样能够确保照片的黑色区域是纯正的黑色。

Ⅱ）然后，再稍微向左移动右边的(白色)滑标，直到图表右端的开始点。这样能够确保照片的白色区域是明亮的白色。

Ⅲ）最后，使用中间的（灰色）滑标调整照片整体的明暗对比(曝光)。向左滑动，照片变亮；向右滑动，照片变暗。在你感到整体明暗合适的时候点击“OK”确认调整。

2

### 蒙尘与划痕

在调整了对比度和曝光度之后，你也许会在照片上发现一些细小的白色斑点。 这些小点是因为扫描时灰尘粘附在胶片上了，这些斑点必须要去除。

从工具栏选择放大镜工具放大这张照片，你就能容易地看到白色斑点。请选择Photoshop的污点修复画笔工具，多数软件都有与之类似的工具，可能只是名字不同。

使用键盘上的方括号“[ ]”键调整污点修复工具的大小，让它与斑点的大小大致匹配，然后点击，你的软件将立即修复这个斑点！ 继续重复这样的过程，直到你的照片全部干净。

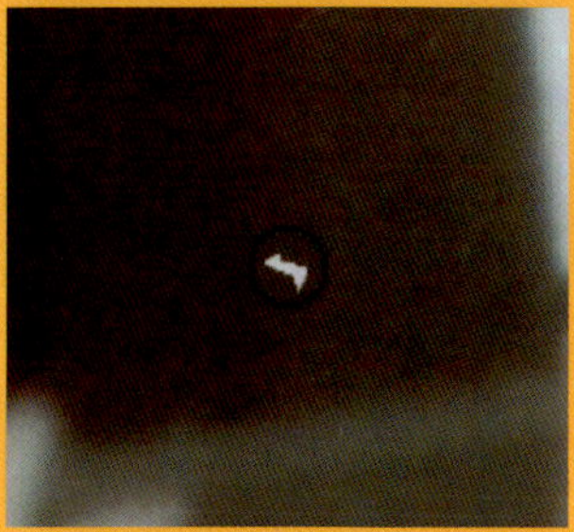

3

### 色　彩

使用纸相机拍照，会经常出现超出正常曝光范围的曝光过度。这会影响照片的色彩呈现，最普遍的表现是色彩“反差弱”，不够鲜艳。要让这样的照片恢复活力，请使用色相和饱和度工具（图像>调整>色相/饱和度）。

I）色彩滑标调整整体颜色平衡。如果你觉得图像看起来偏红、偏绿或者偏黄，可以调整色彩滑标尝试改变照片整体的色彩倾向。

II）饱和度影响整体色彩的浓淡程度。要增加照片的饱和度，向右移动滑标。不要大幅移动滑标，正常的调整在+10和+25之间就够了。或者，干脆移动饱和度滑标到左边尽头，数值为－100，可以迅速将彩色照片转变成黑白的。

**下图：**经过简单的三个步骤，一个普通的无趣的扫描文件被改造成一个完美的数码照片，非常适合打印或与朋友分享。

# 数码单反的针孔镜头

如果你拥有数码单反相机，你可以使用你自己制作的“数字式”针孔镜头拍摄数字格式的针孔照片。你需要的所有材料是：制作好的针孔金属片和机身的镜头接口盖。下面就告诉你如何制作它。

### 你需要准备

- 相机机身前盖
- 制作好针孔的金属片（见16页）
- 12mm（1/2英寸）直径的钻头
- 精细的砂纸
- 胶水

## 制作一个单反相机的针孔镜头

用相机的机身前盖做单反相机的针孔镜头还是比较容易的，不安装镜头时，相机的机身通常会盖上前盖。这种机身前盖不多见，但是可以从摄影商店或购物网站买到。

利用机身前盖有几个好处。首先，它与你的相机接口吻合，针孔镜头和正常镜头之间更换更容易、方便。其次，塑料材质的机身前盖耐久性不错，当相机放进摄影包时也不必取下，不用担心损坏。最后，厚实的黑色塑料和紧密的遮蔽让镜头的防光效果不错，不需要胶粘、连接任何其他的东西到相机上。

1

第一步可能是最难的，你需要找到机身前盖的正中心。最简单的方法是用纸画一个与机身前盖一样大的正圆型，将圆形剪下，两次对折成四分之一圆。

2

将四分之一圆的弧型边缘与前盖对齐，另外一个直角所指的“点”就是机身前盖的中心。标记这个圆心点。

3 现在，你需要在机身前盖的中心钻一个孔来安装针孔镜头。选用一个稍大点的钻头（1/2英寸即12毫米为好），要小心地钻透前盖。

4 接下来，使用极细的砂纸（或细砂纸、细纹锉刀）修整孔的边缘，去除塑料毛刺。

5 最后，用胶水将针孔镜头粘到机身前盖的反面，注意保持针孔在圆心位置。

6 待胶水晾干后，你就可以将新做的针孔镜头装到相机上准备拍照了！翻到下一页，看看如何进行。

# 使用单反相机的针孔镜头拍照

今天的数码单反相机智能化程度非常高，相机机身和镜头必须确保良好的数据连接才能正常工作。你自制的针孔镜头可没有这么先进，所以有些事你必须在拍照前做好。

最常见的问题是你发现装着针孔镜头的相机不工作。如果发生这种情况，看看相机的说明书（或照相机的菜单设置）里有没有一个“无镜头拍摄”选项，或者是类似的设置。这个功能经常用于传感器清洁，你需要确保这个功能是打开的，这样你的相机便可以在不装载镜头的情况下运行。

你也会发现，取景器里的影像非常暗，可能暗到看不见任何东西。这是因为你是通过极小的针孔镜头取景，针孔通过的光线极少。但不用担心，数码摄影的乐趣之一就是能够从机背液晶屏上回看刚刚拍完的照片，所以如果取景拍摄有任何问题只需再拍一张就行！

曝光的问题也是一样。因为针孔镜头和机身之间没有任何数据连接，你的相机可能超过曝光极限，所以需要改变相机到手动曝光模式（在模式转盘上通常用M标记），使用58－61页上的曝光指导来设置快门速度。

在你拍照片时，应不断回看相机液晶屏幕上的影像。如果太暗，增加曝光时间，如果你的第一张照片太亮了，则减少曝光时间再试一次。

**上图：** 尝试使用数码单反相机“错误”的白平衡并且在移动相机的过程中曝光拍摄。这张芦苇的抽象照片是在白天使用钨丝灯模式拍摄的。

**右图：** 与胶片相机不同，数码单反相机上的针孔镜头不会形成焦点清晰的影像，但拍出的照片看起来有一种独特的印象派风格。

## 零成本的针孔镜头

如果你不想在相机的机身前盖钻孔，或者没有备用的前盖，也不想购买，你可以用厚纸板代替制作针孔镜头。它可能不像机身前盖那么“整齐”（或耐用、易拆装），但它确实好用也不需要什么成本！

**1**

画一个机身前盖大小的圆，以便你可以剪下一个与相机镜头座直径相匹配的圆型纸板。在圆纸板的中心钻一个大约1/2英寸（12毫米）的洞，不需要很周正，它只是便于针孔铝片在后面的安装。

**2**

将针孔铝片放置在圆纸板对着相机传感器一面（这一面将来是藏在相机“内部”的）使用胶带或胶水粘牢。

**3**

将制作好的圆纸板用黑胶带粘到相机镜头座位置。要确保圆纸板与镜头座完全吻合，侧面边缘不能有任何漏光。

# 数码单反的长焦针孔镜头

## 你需要准备

- 纸管（邮局可以买到）
- 厚纸卡，大约4英寸(10 cm)见方
- 针孔镜头，针孔孔径为0.02英寸(0. 5 毫米)
- 黑胶带

大多数针孔相机拍摄出的都是广角照片，这样的画面效果源于较短的焦距，这也是多数相机自然而然的光路设计。针孔镜头的这个广角特性让针孔摄影师的图像尽可能地清晰锐利。

现在，我要说用长焦针孔镜头拍得一个“锐利”的照片，难度超越已知世界的数学，但是这并不意味着你不能制作一个长焦针孔相机，或者为你的数码单反相机制作一个长焦针孔镜头。运动和模糊效果值得试验，长焦摄影的各种可能也值得试试。对比普通的针孔镜头，长焦针孔镜头所产生的影像更为柔和，即便在晴天里拍摄的照片也很怪异。

## 制作一个长焦针孔镜头

长焦针孔镜头与之前制作的“机身前盖镜头”非常相似，但这次针孔板不是直接附着在机身上，我们要在机身和针孔板之间接一个管子。

因为太轻质的针孔板在出现问题时容易脱落到管子里，所以你需要一个稍大的针孔板，也能使用更久远。细小的针孔将创造更柔和的效果。因此，要确保针孔直径小于0.02英寸（0.5毫米）。

**1**

长焦针孔镜头应该用厚壁纸管制作，直径最好能与相机镜头接口相同。邮政纸管正好符合，管壁厚度也完全能挡住光线。

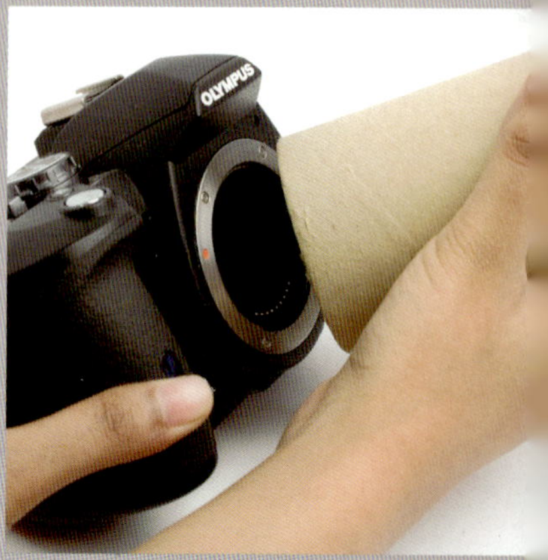

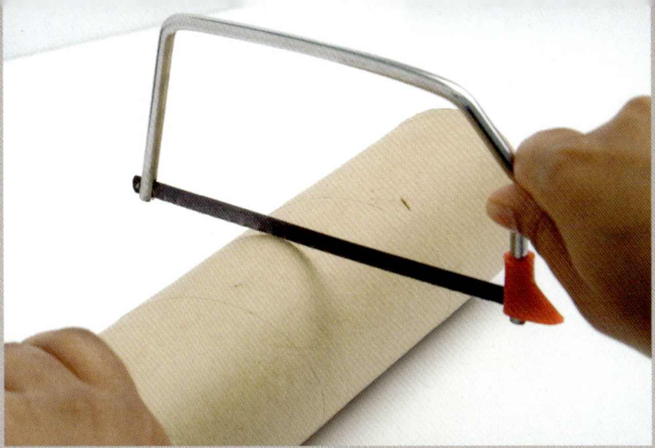

**2** 你必须将管切下一节，长度约4英寸（10厘米）。做出的镜头如果连接到照相机，焦距约为150毫米，（如果你的数码单反相机是全画幅，焦距折算约为225－300毫米）。邮政纸管很结实，所以你可能需要锯断它，工艺刀或者剪刀恐怕没法用。

**3** 用纸管在厚卡纸上画出圆形并剪下。用它制作你的针孔基板。参照之前页面描述的（零成本针孔镜头），在圆卡纸的中心剪一个大约1/2英寸（12毫米）的洞，有洞即可，不一定是圆的，针孔金属板需要粘接在此。

**4** 用胶水或胶带将针孔金属板粘在圆纸板背面，注意在打好的洞中露出小孔，然后将粘好的针孔镜头板粘在纸管的一端。可以多用些黑色胶带粘在接口边缘防止漏光。

**5** 用黑胶带将制作好的“镜头”开口端连接到单反相机镜头接口，注意粘接牢固防止漏光。现在，你的长焦针孔镜头大功告成，可以出去拍照了！

## 使用你的长焦针孔镜头

长焦针孔摄影比普通针孔摄影困难，主要是因为长焦针孔摄影比纸针孔相机和普通单反针孔相机需要更长的曝光时间。

一个建议：如果针孔与传感器距离是正常距离的2倍则曝光应该乘以4。这听起来很复杂，但实际很简单。

我们已经作出的纸相机有大约24毫米的焦距（从针孔铝片到胶片）。我们已经知道，在明亮的阳光下曝光时间约为2秒（使用ISO 200胶片）。因此，如果我们增加1倍焦距至50毫米（调整针孔镜头板与胶片或传感器的间距），曝光应是正常时间的4倍。这意味着我们将用感光度ISO 200曝光约8秒。

如果我们再增加1倍焦距至100毫米，曝光时间将再乘4，时间由8秒（50毫米焦距）增加至32秒，感光度还是在ISO 200。当增焦距加至200mm曝光将增加至约2分钟（4 × 32秒），依此类推……

### 长焦针孔镜头的针孔尺寸

虽然我已经有了一个150毫米的长焦针孔镜头，但实际上你可以为你的数码单反制作你喜欢的任何焦距的针孔镜头。下面的表格是从广角到长焦各种焦距镜头对应的最佳针孔尺寸。要注意，镜头焦距指的是针孔镜头板到传感器（或胶片）的距离，并不仅仅是纸管的长度。

| 焦距 | 最佳针孔尺寸 |
|---|---|
| 24mm | 0.008 英寸 (0.2 mm) |
| 50mm | 0.012 英寸 (0.3 mm) |
| 100mm | 0.016 英寸 (0.4 mm) |
| 150mm | 0.02 英寸 (0.5 mm) |
| 200mm | 0.024 英寸 (0.6 mm) |
| 300mm | 0.028 英寸 (0.7 mm) |
| 400mm | 0.034 英寸 (0.85 mm) |
| 500mm | 0.037 英寸 (0.95 mm) |

**对页图：**用数码单反相机和长焦针孔镜头拍摄出清晰的照片是不可能的，但是不要就此停止，缺乏锐度可以帮助你创造柔和的、具有空间s感的照片。

### 长焦针孔摄影

由于曝光时间长，三脚架是长焦针孔摄影必不可少的工具，这样可以让拍得的图像更清晰些。（记住，绝对清晰是根本不可能的！）但是，这并不意味着你只能拍那些静止不动的东西。长焦针孔镜头可以拍摄的题材包括：

● 肖像：所有针孔肖像都倾向于让照片看起来富于动感，但是长焦针孔镜头拍摄时要求模特尽量保持一个姿势静止不动，时间要15秒钟甚至更长。

●自然主题：可以拍摄不断移动的海浪、快速移动的云，或风中摇曳的植物枝叶，这些场景会产生影调和色彩蕴含抽象感觉的照片，这也是长时间曝光的功劳。

● 太阳：因为针孔镜头的小孔如此之小（加之曝光时间也很长），拍摄时太阳在天空中移动会形成亮线。当日出或日落地平线时用长焦针孔镜头拍摄会产生一种难以置信的奇特影像，用“普通”的光学镜头恐怕是拍不到的。

# 数码针孔效果

我们已经看到了如何制作纸相机和如何改造数码单反相机成为针孔相机，但我敢肯定，你的硬盘里有一些照片可能看起来非常像针孔镜头拍摄的。所以，这里提供一些非常好的技巧，用于处理你的数码照片形成针孔摄影效果。你只需要一个图像编辑软件（当然还有你的照片），只需几个简单的步骤，就可以制作出令人惊叹的“山寨”针孔照片。我使用的软件是Photoshop，你也可以用其他图像编辑软件实现相同的效果。

## 创造针孔效果

1

我处理照片从色彩调整开始，因为针孔摄影作品以黑白效果呈现最好，所以我将它的色彩模式转换为黑白，使用菜单栏中：图像>调整> 饱和度转换。这不是转换图片为黑白的唯一方式，但是用这种方法制作针孔效果是非常棒的。

2

为了模仿针孔照片样的“模糊”效果，我使用Photoshop的扩散亮光滤镜（滤镜>扭曲>扩散亮光）。发光量的设置需要通过勾选预览框，参照屏幕上的效果确定。在这里，我使用的颗粒度值为10，发光度值为11，清除数值为17，形成了亮部区域向暗部扩散，轻微柔化的效果。

3

针孔照片的另一个共同特点是边角略微发暗，被称为“晕影”。为在普通照片上重现这个效果，我从工具栏中选取“椭圆选取框”工具，围绕照片的中心区域划出一个大的椭圆形选区。

4

接下来，我需要颠倒选区（选择>反向），此时图片的边角区域被选中，而不是中心。此外，“晕影”的亮度过渡是渐变式的，所以我必须将选择区域的边缘软化，选择>修改>羽化。使用大的数值可以使过渡范围更宽，这张照片我设置为250像素。

5

将选定区域变暗使用亮度工具调整（图像>调整>亮度/对比度）。不要调整太剧烈，你需将边角区域稍微调暗，而不是将他们调成全黑！这张照片设置为-100就可达到最佳效果。

6

照片现在看起来已经相当不错了，但是边角部分似乎还有些太清晰，我希望它们再稍微虚化些以便更接近针孔效果。制作“晕影”的边角区域仍处于选取状态，我需要做的是选择高斯模糊滤镜（滤镜>模糊>高斯模糊）进一步调整。就像之前调暗一样，模糊的制作也需要保持轻微的量。

7

至此，针孔效果制作完成，你可以将照片存储起来。另外，你也可以调整照片成时间久远的感觉。调整颜色，使用色相/饱和度（图像>调整>色相/饱和度）。在色相功能下使用滑标来改变颜色。将饱和度滑标移动到左侧使色彩不致过于浓烈。

# 更多信息

在搜索引擎里键入“针孔摄影”，会找到与这个关键词有关的数千个网站，但下面这些网站是我最喜欢的：

## 针孔相机、针孔摄影指南与参考

www.alternativephotography.com
www.f295.org
www.idea.uwosh.edu/nick/pinholephoto.htm
www.lomography.com
www.mrpinhole.com
www.pinhole.com
www.pinholeday.org
www.pinholeresource.com
www.pinholesolutions.co.uk
www.rednotebook.org/pics/pinhole/index.html
www.rraz.ca/pin/pinhole.html
www.zeroimage.com

## 针孔摄影师

| | |
|---|---|
| Jo Babcock | www.jobabcock.com |
| Thomas Bachler | www.thomasbachler.de |
| Pinky Bass | www.alabamaarts.org/bass.html |
| Wayne Martin Belger | www.boyofblue.com |
| Jay Bender | www.jaybender.com |
| Dianne Bos | www.diannebos.com |
| Celeste Brignacs | www.celestebrignac.com |
| Valerie Burke | www.valeriejburke.com |
| Martha Cassanave | www.marthacasanave.com |
| Katie Cooks | www.slowlight.net |
| Heidi Crabbe | www.pinhole-photographer.co.uk |
| Walter Crump | www.waltercrump.com |
| Bethany De Forest | www.pinhole.nl |
| Kathryn Faulkner | www.kathrynfaulkner.com |
| Paolo Gioli | www.paologioli.it |
| Guy Glorieux | www3.sympatico.ca/guy.glorieux |
| Adrian Hanft | www.foundphotography.com |
| Jamie House | www.jamiehousephotography.co.uk |
| Edward Levinson | www.edophoto.com |
| Robert Mann | www.thencamenow.com/photo |
| Albelardo Morell | www.abelardomorell.net |
| Marja Pirila | www.marjapirila.com |
| Willie Anne Wright | www.willieannewright.com |

## 世界针孔摄影日

在本世纪初，一些热心的志愿者产生了一个创意，期望能组织些活动来促进针孔摄影在全球范围内的发展。结果是，2001年4月29日那天，总计24个国家的291人拍摄了针孔摄影照片，他们每人选取一张照片在一个月里断续上传到 “全球针孔摄影日”网站上展示出来。

现在，这个一年一度的活动吸引了来自世界各地的数千人，在4月的最后一个星期日里，人们整日找寻着，更重要的是——分享着针孔摄影展现出的传奇。

参与“全球针孔摄影日”活动只需简单遵循以下步骤：

1.制作一台针孔相机

2.在活动日拍摄一些针孔照片

3.调整好你的照片并在5月底前将最喜欢的一张上传到“全球针孔摄影日”网站（www. Pinholeday.org）

如同画廊的收藏，该网站呈现的信息源于世界各地发生的事件，网站中的针孔摄影教学资源让许多人有能力参与到“针孔摄影日”的活动中。

在“针孔摄影日”画廊里成千上万的图像中浏览，将能够从他人的技巧释放中带给你灵感。即便没有感受到那些复杂的时髦技术，也一定会受益匪浅！

# 鸣　谢

谨以此书献给克里斯、路易斯、罗莎和所有非凡的灵感。

针孔摄影带来许多创意超越时间。我期待着有一天，我可以和我的儿子路易斯还有女儿罗莎坐在一个漆黑的房间里，打开快门看看奇迹从成像的那个小孔里展现。

让我们期盼魔力延续千年，像恒久的光行进在笔直的线上，让人们有时间去感受奇迹。

www.pinholephotography.org就是我。

## 图片鸣谢

除下列照片外，所有针孔照片均由贾斯汀・昆内尔拍摄。p2(© David Roseburg/Corbis), p50 (© Dianne Bos/www.diannebos.com), p55/p57BR/p69B (© iStock), p71B/p80/p86–87/p91/p92–93(© Chris Gatcum/www.cgphoto.co.uk)

中国摄影出版社

# 强力推荐精心打造

《数码摄影创意52》

本书用最简单的创意方式，鼓励使用相机上的“错误”的设置，并把你自己的技术含量较低的各种配件加以改进，以一种奇思妙想的新的方式拍摄照片。

本书收集的52个项目涵盖了摄影的各个方面，从拍摄到数字处理，从制作各种附件到镜头、配件和照明的应用。每个项目将给你的每个周末以不同的挑战，每个项目都会让你认为无论他们有多难，有多复杂，每个人只需要花几个小时的探索，就能够实现你想要的摄影追求，拍出完美的照片。

《教名家李少白学摄影》

摄影名家还需要学习摄影吗？数码时代给摄影带来了哪些变化？什么相机才是最好的数码相机？最佳光圈又是多少？您想成为数码时代的亚当斯吗？

从胶片时代走过来的摄影名家李少白运用高端数码相机开始了新的摄影尝试。《中国摄影》杂志社的编辑室主任陈奇军是器材专家，对数码摄影后期处理也有其独到的见解。于是，一对独特的师生组合便这样产生了。这本书对数码摄影的前期拍摄、后期处理都进行了深入地探讨。